그림으로 풀이한

공기조화 시공도

보는 법·그리는 법

시오자와 요시타카 지음
진수득 옮김

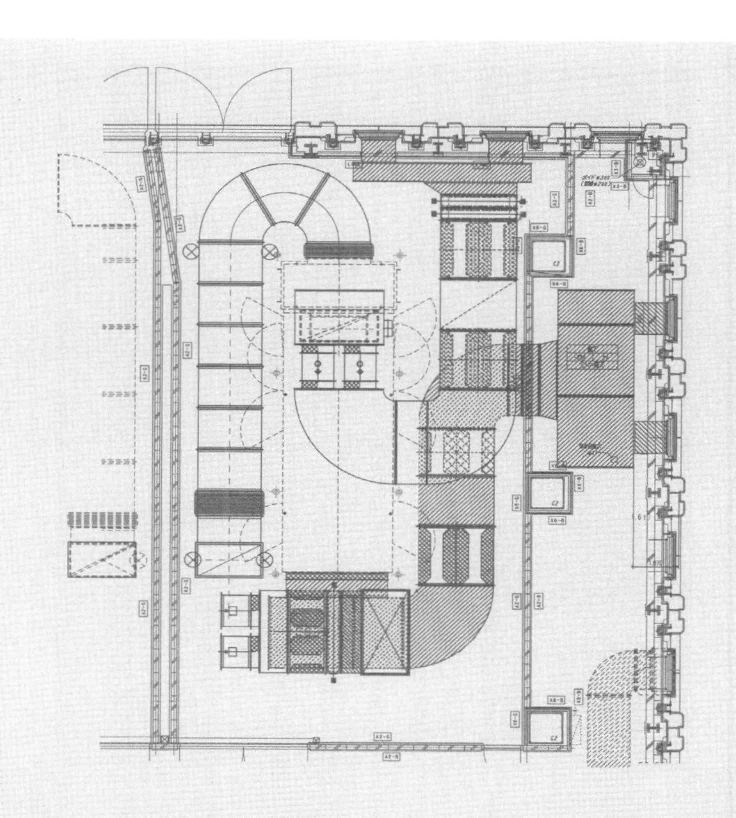

BM (주)도서출판 성안당

日本 옴사 · 성안당 공동 출간

Original Japanese Language edition
ZUKAI KUUKI CHOUWA SEKOU-ZU NO MIKATA, KAKIKATA (DAI 3 HAN)
by Yoshitaka Shiozawa

Published by Ohmsha, Ltd.
Korean Translation rights arranged with Ohmsha, Ltd.
through Japan UNI Agency, Inc., Tokyo

머리말

공기조화 설비의 설계도는 기계 등과 비교하면 건축물 자체가 커서 1/100 또는 1/200의 축척으로 작성되는 경우가 많으며, 부분적으로 기계실이나 샤프트(shaft) 안의 상세도 등은 1/50 또는 1/20로 작도된다. 그러나 이렇게 하는 것만으로는 전부를 표현하기가 어렵다. 왜냐하면 공기조화 설비의 설계도에 관련되는 강전·약전, 급배수, 송풍관 등의 반송 설비까지를 기재하는 것은 거의 불가능하며 관련된 업무는 현장에서 협의, 조정하는 것이 보통이다

주택과 같은 소규모 건물, 원자력 시설 등 특별한 경우를 제외하고는 설계도가 시공도를 대신할 수 없다. 따라서 공기조화에는 공사를 하기 위해 필요한 실시 설계도, 즉 시공도(대체로 1/50)가 필요하다.

터파기 등 기초공사를 인력으로 하던 시대에는 시공도의 작성이 다소 늦더라도 시간적 여유가 충분했지만, 최근에는 기계화로 건축 공사기간이 단축되어 시공도를 제시간 내에 대지 못해 반려되거나 설계 자체에 불필요한 곳을 수정해야 하는 경우가 자주 발생하고 있다.

또한 설비업자 간에 시공도의 오류로 충돌이 발생하는 예가 많다. 시공도의 작도 능력에 문제가 있기 때문이라고 할 수 있다. 충분한 교육 기간도 없이 갓 입사한 신입사원을 현장에 투입하면 만족할 만한 시공도를 그릴 수는 없을 것이다. 하지만 현실적으로 그런 상황에 내몰릴 수밖에 없는 것이 업계의 현실이기도 하다.

그동안 선배의 개인적인 노하우를 통하여 시공도를 작성하는 것을 배워왔기 때문에 많은 교육기간이 필요했지만, 지침이 있으면 교육 기간도 크게 단축할 수 있다. 또한 건축설비사 제도가 시행되어 공기조화 설비의 작도는 중요한 비중을 차지하게 되었다. 물론 시공도의 교졸(巧拙)이 출제되는 것은 아니지만 평소부터 계통도, 계장도, 기기 배치 등 기존 설계도를 통해 더 좋은 표현이나 배치 방법을 찾아 시공도 단계에서 다시 그려보는 훈련이 필요하지 않을까? 시공도는 실제로 현장에서 훌륭하게 정리된 자료가 있더라도 시일이 지남에 따라 흐트러지기도 하고, 고유기술로서 파묻히게 되기 때문에, 이 책에서는 그것들을 체계적으로 정리하여 실무에 활용하기 쉽도록 하였다. 또한 **시공도를 CAD로 그리는** 시대가 되었다고는 하지만 원안 작성의 기본은 변하지 않을 것으로 생각되며, 이 책이 공기조화 시공도의 품질 향상에 다소라도 도움이 되기를 바란다.

이 책에서는 다음 세 가지를 중심으로 서술하였으며 구성 비율은 그림과 같다.

1. 그리는 법, 읽는 법의 요점과 조건 등
2. 기본 계산과 치수를 결정하는 방법
3. 설계도를 시공도로 변환하기 위한 작도 기술
   a. 작도상의 유의 사항
   b. 건축 관련 사항
   c. 덕트 배관 설비 작도상의 기준화(기능면, 원가면)
   d. 기타
   e. 체크 리스트와 시공도 샘플

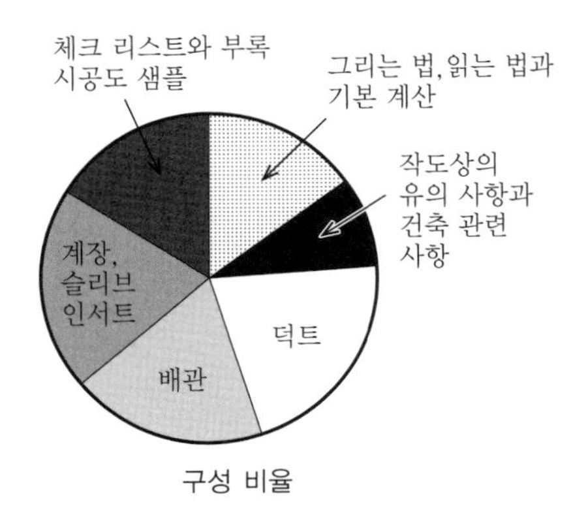

구성 비율

(주) 그림·표에 기입한 출처 이외의 자료는 사내 자료이거나 또는 작성한 것임.

2014년 10월　　저자

차례

7장 배관

8장 냉매 배관·패키지 드레인

9장 자동 계장

10장 기기 배치와 스페이스

11장 슬리브, 인서트, 설비 복합도

12장 체크 리스트

시공도 그리는 법

1-1 시공도의 목적, 조건 등

시공도는 시공 품질에 직접적으로 영향을 준다. 시공도를 깨끗이 그리는 것은 누구라도 할 수 있지만 작업의 순서, 방식, 스페이스 등을 파악하고, 또한 설계의 핵심을 충분히 이해하지 못하면 양질의 시공도를 그리기는 어렵다. 아래에 시공도 작성에 필요한 핵심적인 사항과 조건들을 제시한다.

(1) 시공도의 목적

공기조화 설비의 시공도는 설계의 의도를 근거로 하여 다른 업종과의 관련, 놓임새를 검토하고, 공사를 시공하기 위한 실시 설계도이다. 목표로는

가. 작업자가 알기 쉬운 도면일 것
나. 수정하거나 반려되는 일이 없는 내용일 것

(2) 시공도 작성상의 요점

가. 설계도에 의도된 성능이 확보되어 있을 것
나. 누가 그려도 같은 수준이 되도록 표준화할 것
다. 건물의 디자인에 밀려 공기조화 원래의 기능이 훼손되지 않도록 할 것
라. 시공이 쉽다고, 재료를 낭비하지 않도록 유의할 것
마. 놓임새에 있어서 미관과 보수가 용이하도록 할 것
바. 시공 공정에 충분한 여유가 있도록 작성·승인을 얻을 것

(3) 시공도 작성을 위한 요건

그러나 시공도는 설계도의 확대가 아니다. 원(原) 설계에 지나치게 충실한 나머지 아무것도 고려하지 않고 단지 크게만 그린 예가 많다. 앞에서 설명한 바와 같이 실시를 위한 설계도이며, 제도자(draft man)의 일이라기보다는 설계자의 일이라고 할 수 있다. 이를 위해서는

가. 열계산을 통해 수량, 풍량 산출과 각종 치수를 결정하는 것부터 펌프 양정(揚程), 팬 정압 계산 등 개략적인 설계가 가능할 것
나. 건축 구조도를 읽을 수 있을 것
다. 건축 디자인과 조화를 도모할 수 있는 감각을 가지고 있을 것
라. 설계 취지, 사양 등을 정확히 이해할 것
마. 변경에 따르는 계통도의 작성, 기기를 적정하게 배치할 수 있을 것

〔4〕 시공도 작성 순서

공기조화 설비는 건축 공정상 슬리브와 인서트 시공을 하는데, 시공도는 덕트, 배관도를 가장 먼저 작도하며, 이를 기초로 슬리브와 인서트 도면을 그려야 한다. 또한 일반 평면도보다 기계실 검토도를 우선하여 벽과 바닥의 관통부 위치와 치수를 정확하게 정하는 것이 바람직하다. 그렇게 하면 기기의 태핑(tapping) 위치, 토출, 흡입 방향이 결정되어 무리한 놓임새도 해소될 수 있다. 상세도는 그 후에 살붙이기를 하면 된다.

시공도 보는 법

2-1 시공도를 보는 사람과 목적

시공도를 보는 사람과 목적은 다음과 같이 구분된다.

(a) **작업자** 시공도대로 시공을 한다.

(b) **감독자** 자재를 수배하고 작업 순서를 계획한다.

(c) **관리자** 설계도와 대조하여 빠진 것이나 낭비가 없고 작업성이 좋은지 등을 체크한다.

감독자 : 청부(元請) 및 하청의 현장 감독(작도 책임자)

관리자 : 현장 소장, 과장 또는 그에 준하는 사람

시공도를 보는 법에 밝은 것은 **작업자**(직공장)다. 매일 도면대로 작업을 진행시키는 데 있어서 도면 읽는 것이 필수적이며, 도면 보는 능력이 향상된다. 또한 틀린 도면은 작업자의 역량으로 보완하는 경우가 대부분이다. 설비 업계에서는 작도자는 감독원을 겸하는 것이 대부분이며, 작도 능력이 부족하거나 작도 공정이 늦어지면 구두로 지시를 하고 끝마치는 경우가 많다. 작업자가 우수하더라도 다른 관련 설비에 대한 것까지는 알지 못해 반려되거나 재작업해야 하는 일이 자주 발생한다. 작업자가 도면 읽는 법에 밝다고는 해도 알기 어려운 도면을 읽기 위해서는 시간이 많이 걸리는 것은 당연하다. 따라서 작업의 준비와 시공에 낭비가 생기게 된다.

감독자도 시공도를 다시 그리도록 명령하는 것보다 자신의 기술력으로 해결하려는 경향이 있다. 당연히 여분의 자재를 수배하게 되고 작업자에게 잘못된 지시를 할 가능성이 높다. 작업자는 국부적인 작업에 대한 시공도만 읽으면 되지만, 감독자는 작성되지 않은 시공도까지 고려하여 전체의 상황을 파악하는 능력을 지녀야 한다.

관리자, 즉 과장 또는 그에 준하는 사람은 작도자에게 그리도록 한 시공도의 요점을 단시간 내에 체크하는 것이 중요하다. 작도자는 세부적인 사항까지 가장 자세히 알고 있기는 하지만, 자칫 부분적으로 치우치거나 주관적인 입장에서 작도하기도 한다. 관리자는 이들을 객관적으로 보고 단지 도면이 깨끗한지 빠진 사항을 지적할 뿐만 아니라 설계, 시공, 원가 등 여러 각도에서 시공도를 읽어야만 한다. 그러나 이것은 가장 어려운 일이기도 하다. 설계와 시공상의 문제점을 작도자에게 이해시키고, 도면 정정의 필요성을 납득시킨 후에 작업 지시를 해야만 앞으로 숙달로 이어질 수 있다.

2-2 시공도 보는 법의 핵심

시공도는 읽는 사람에 따라서 당연히 읽는 방법도 달라진다. 즉 작업자에게 넘겨줄 시점에서 거의 완전한 시공도(반려되거나 수정할 곳이 없는 것)가 될 수 있도록 하기 위해서는 누가 어떠한 방법으로 그 시공도를 읽으면 좋을지에 초점을 두고 포인트를 설명한다.

(1) 감독자(작도 책임자)

2-3에서 지적하는 사항과 같은 초보적인 실수가 없도록 노력해야 한다. 그러려면

가. 시공도 작성 계획서(시공도 리스트)의 **조기 입안**
단순히 만들기만 하는 게 아니라 누가 어떤 부분을, 언제까지, 어느 정도(내용의 깊이)까지 그릴지를 정하고 결과를 추적하여 도면 리스트가 단순한 표로 끝나지 않도록 한다.

나. 시공도 작성 기본 원칙 또는 작성 요령의 결정과 **철저한 준수**
설계사무소와 건설업자가 그때마다 다르고 동일 설비업자라도 현장마다 그리는 법이 다를 경우가 많다. 더구나 요즘에는 JV(Joint Venture) 공사가 많으며, 각사의 담당자마다 개인차가 뚜렷이 나타난다. 이들을 통일 또는 오차를 최소화하기 위해서라도 작성 기본 원칙 또는 작성 요령서가 필요하다. 감독자 또는 작도 책임자는 **위의 가, 나** 항을 철저하게 준수하고 있는지를 봐야 한다.

(2) 관리자

관리자는 위에 설명한 사항 외에도 다음과 같은 점에 주목해야 한다.

가. 평면도는 단면을 염두에 두고 그렸는가?
산뜻한 평면도는 보기에도 좋을 것이다. 배관이나 덕트의 교차를 피할 수는 없지만, 3중 이상으로 교차하고 있는 도면은 기기의 배치 등 어딘가에 원인이 있다.

나. 평면도로 알기 어려운 설비의 단면도는 있는가?
단면도는 요점만 표기하는 것이 좋다. A-A′, B-B′로 여러 스팬의 전부를 그릴 필요는 없다. 또한 평면도에 여백이 있는데도 별도로 그려서 매수 늘리기를 하는 경우가 있다. 요점만 그려져 있으면 작업자는 한 장의 도면만 보고 작업하기가 훨씬 쉬워진다.

다. 기기에 연결된 배관, 덕트의 휘두르기를 하지 않았는가?
송풍기의 토출 또는 흡입 방향을 바꾸기만 해도 놓임새가 훨씬 좋아지는 경우가 많다. 냉동기, 열교환기 등의 배관을 다는 위치도 마찬가지이다. 시공도에 의거하여 기기를 발주하도록 지도한다.

라. 기기의 설치 위치는 적절한가?

설계도상 '여기에 있었다'는 이유로 검토, 절충도 하지 않고 설치하는 예가 많다. 막상 시스템 배관이 있어서 원래 장소로 돌아가야 하는 등 재료 낭비, 저항 증가에 의한 동력 상승, 그리고 운전 비용도 높아진다.

마. 기기의 크기와 배관이나 덕트 크기의 불균형은 없는가?

설계자도 실수가 없을 수는 없다. 잘못된 도면은 보기에도 어딘가 이상하기 때문에 원인을 찾아 재검토해야 한다.

바. 기능을 손상시킬 우려가 있는 설비는 없는가?

분출·흡입구, 팬 코일(fan coil) 등은 디자인 때문에 무리하게 끼워넣는 경우가 많다. 저항이 얼마만큼 증가하고 능력이 얼마만큼 떨어지는지를 수치로 제시하여 반론을 할 필요가 있다. 타협할 수 없는 선까지 양보할 필요는 없다. 후에 문제가 되는 것은 설비이다.

〔3〕 보는 법의 구체적인 예

a) 주 덕트의 교차는 어떤가

사무실 빌딩의 듀얼 덕트* 평면도를 나타낸다(가장 복잡한 덕트의 예이지만, 주관의 교차가 없어 산뜻하게 보임)

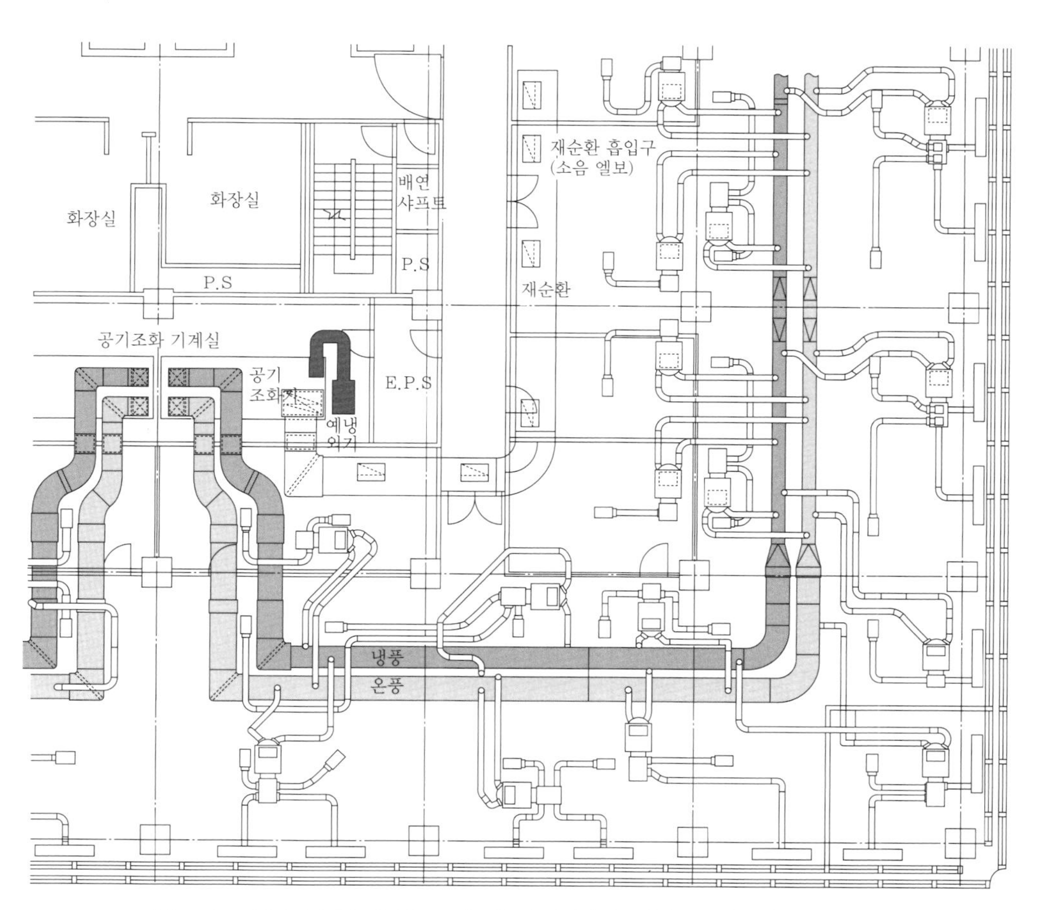

* 듀얼 덕트 : 공기조화기에서 냉풍과 온풍을 만들어 각각의 덕트에서 출구 가까이까지 공급하고, 방의 열부하에 맞추어 혼합하고 나서 흡출하는 공기조화 방식. '이중 덕트 방식'이라고도 한다.

b) 배관을 다는 방법은 어떤가

어느 현장에서나 많이 사용되는 증기-물 열교환기의 예를 다음에 나타낸다.

그림 (A)는 일반적인 제조업자들이 만드는 표준 유형을 나타낸 것인데, 여분의 파이프와 엘보를 사용하여 좁은 곳을 더욱 좁게 하고 있다.

제조업자에게 맡기면 값이 저렴하면서도 산뜻한 놓임새로 설치할 수 있다. 그림 (B)는 중간안이고 그림 (C)는 제조사 입장에서 엘보 비용은 비싸지만 공사비가 적게 들고 볼품도 좋다.

시공도를 그리는 데에 있어서 이와 비슷한 낭비가 많다.

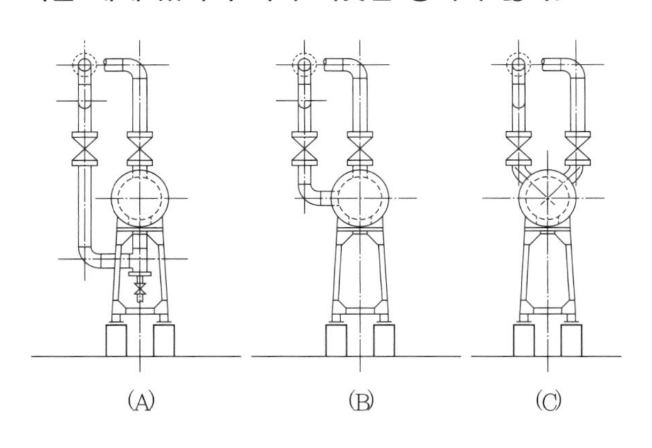

증기-물 열교환기의 예

구체적인 예로서 좋은 제품을 제시하였는데, **좋은 것이 역시 산뜻해** 보인다. 이것은 시공도뿐만 아니라 설계도나 제품 모두에 해당된다고 할 수 있다. (1), (2)에서 설명한 구체적인 예를 참고로 감독자와 관리자가 무엇을 중점으로 볼지를 정하면 된다.

2-3 시공도 체크의 지적 사례

아래에 시공도 체크의 지적 사항, 즉 나쁜 일례를 들어본다.

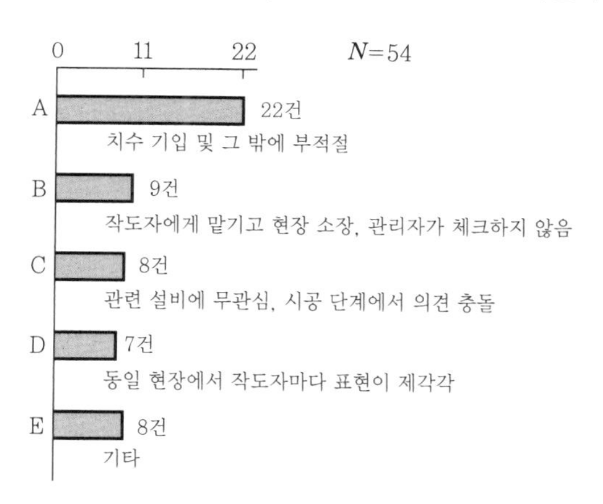

시공도 지적 내용

지적	대응
A 치수 외 기타 기입이 부적절 • 덕트 치수, 높이 기입 방법이 제각각 • 급기, 배기 덕트의 심벌이 통일되어 있지 않음 • 평면도에 여백이 있는데도 단면이 별도의 도면 • 골조와 덕트, 배관의 굵기가 같음	• 작업자가 보기 쉬운 도면을 그린다. • 계획 시에 시공도 작성 기준을 만들어 통일시킨다. • 위와 같음 • 요소의 단면은 평면도의 여백에 그린다. • 연필의 농도, 선의 굵기를 구별한다.
B 작도자에게만 맡기고 현장 소장과 관리자는 체크하지 않음	• 체크 포인트를 이해한다. • 체크를 하지 않은 도면에 의한 시공은 하지 않는다.
C 관련 설비에 무관심, 시공 단계에서 충돌	• 주요 장애물을 기록해 두는 습관을 기른다.
D 동일 현장에서 작도자마다 표현이 제각각	• 계획 시에 시공도 작성 기준을 만들어 통일시킨다.
E 기타 • 설계도의 확대가 많다. • 나사 끼움 배관에서 주관의 구배가 잡히지 않은 배관이 있다. • 트랩이 기입되지 않았다. • 팬(fan)인지 박스(box)인지 구분되지 않는다. • 분출구, 흡입구의 위치가 나쁘고 덕트의 교차가 많다. • 챔버 접속 방법이 무성의하다. • 급배기 루버의 위치가 나쁘고 덕트를 길게 돌려서 한다.	• 보다 좋은 배치를 생각하도록 지도한다. • 지관(枝管)의 인출 방법을 고려해서 작도한다. • 증기 배관의 연구가 필요(트랩의 인출 방법 등) • 팬에는 풀리, 모터, 캔버스를 기입한다. • 위치를 바꿔 덕트 길이의 단축을 도모한다. • 팬 정압이 다른 덕트를 무의식중에 잇지 않는다. • 건축 도면에 표시된 위치가 절대적이라고 생각하지 말고 보다 나은 위치를 검토하여 요구한다.

기본 계획과 치수를 정하는 방법

3-1 습공기 선도에 의한 계산

(1) 습공기 선도

습공기 선도는 공기조화 설계에 없어서는 안 되는 것이며, 읽는 법과 사용 방법을 다른 책으로 충분히 이해해 둘 필요가 있다.

다음에 습공기 선도($i-x$ 선도)를 제시하고, 다음 항목에서 공기조화의 기본이 되는 계산식을 나타낸다.

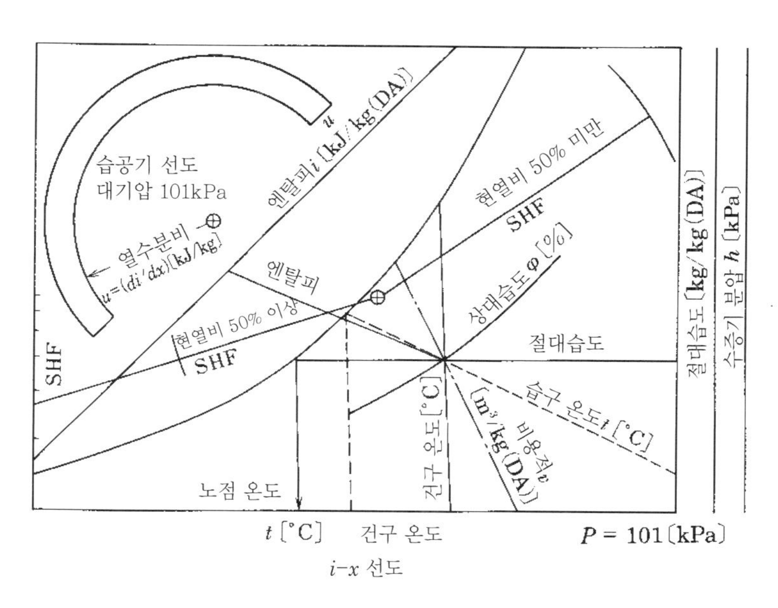

$i-x$ 선도

(2) 가습·냉각

공기의 가열 또는 냉각 열량은

$$H = Q\cdot\rho\cdot c(t_2 - t_1) = Q\times 1.2(t_2 - t_1) \tag{3.1}$$

단, H : 가열량 또는 냉각 열량[kJ/h]　[kJ/h]=[kW]×3,600

Q : 풍량[m^3/h]

$\rho\cdot c$: 밀도×비열　1.2[kg/m^3]×1.0[kJ/(kg·K)]

t_2 : 출구(또는 입구) 온도[℃]

t_1 : 입구(또는 출구) 온도[℃]

(3) 현열비와 열 수분비

가열 또는 냉각은 습공기 선도상, 건구 온도선에 평행(도시 생략)

현열비(顯熱比) SHF는 송풍 온습도 조건을 결정하기 위해 필요한 비율이며

$$\text{SHF} = \frac{\text{현열}q_s}{\text{현열}q_s + \text{잠열}q_L} \tag{3.2}$$

또한 열수분비 u와 현열비와의 관계는 다음 식에 의한다.

$$1-\mathrm{SHF}=\frac{2{,}501}{u} \tag{3.3}$$

〔4〕 가습

공기 선도상 1(절대습도 x_1[kg/kg(DA)]부터 2(절대습도 x_2[kg/kg(DA)])에 공기를 가습할 경우의 가습량은

$$G=Q\times\rho\times(x_2-x_1)=Q\times1.2\times(x_2-x_1) \tag{3.4}$$

단, G : 가습량[kg/h], Q : 송풍량[m^3/h],

ρ : 밀도(≒1.2)[kg/m^3)

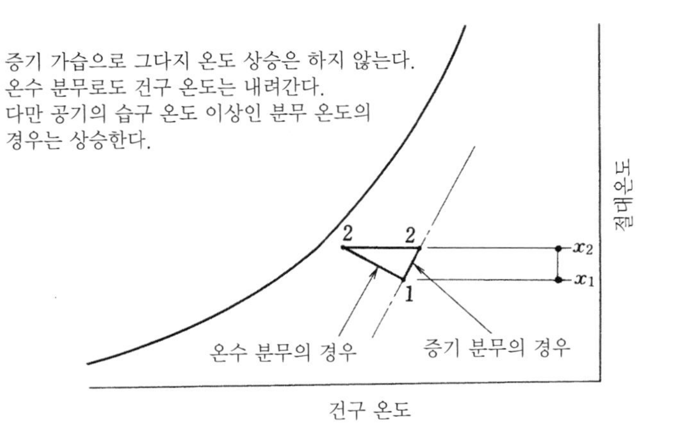

〔5〕 냉각·감습

냉방의 대표적인 유형으로서 냉각하면서 감습(減濕)할 때.

공기조화기 입구 온습도 조건 1의 공기를 2까지 냉각 감습할 경우는 각각이 갖는 엔탈피차로 계산한다.

$$H=Q\times1.2\times(i_1-i_2) \tag{3.5}$$

단, H : 냉각 감습 열량[kJ/h] [kJ/h]=[kW]×3600

Q : 풍량[m^3/h]

i_1 : 입구 공기 엔탈피[kJ/kg]

i_2 : 출구 공기 엔탈피[kJ/kg]

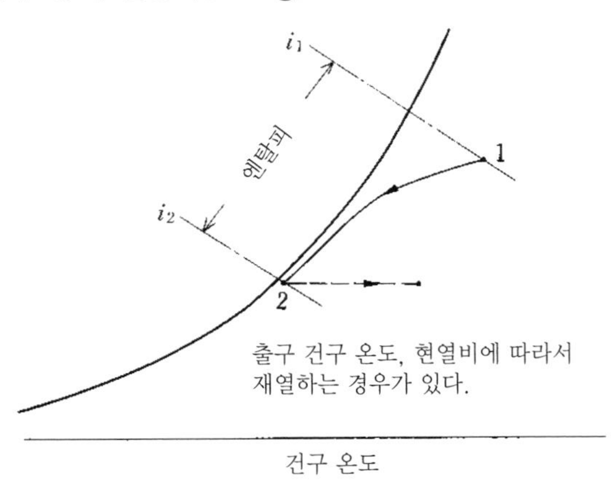

3-2 송풍기

〔1〕 송풍량 (수량)의 산출

공기조화의 송풍량 산출식은 다음과 같다.

$$Q_a = \frac{H}{(t_r - t_s)c \cdot \rho} = \frac{H}{1.2 \times \Delta T_a} \qquad (3.6)$$

단, Q_a : 풍량[m^3/h]

H : 가열량 또는 냉각 열량[kJ/h] [kJ/h]=[kW]×3,600

$t_r - t_s$: 실온-송풍 온도 또는 송풍 온도-실온[℃]

c : 공기의 비열 1.0[kJ/(kg·K)]

ρ : 공기의 밀도[kg/m^3]

쾌적한 공기조화를 위해 사용하는 온도 범위의 비열, 비중량은 위에 기술한 것을 적용한다. 고온 건조나 저온 냉장 시에는 온도별로 고려한다.

이와 관련하여, 펌프 수량 Q_W[l/min]의 산출은 식(3·6)의 c=4.2[kJ/(kg·K)], ρ=1.0(kg/l)이기 때문에 $Q_W = H/(4.2 \times \Delta t_W \times 60)$이 된다.

온도차 Δt_W는 냉온수일 때 5~10℃가 일반적이다.

〔2〕 송풍기의 전압 계산

a) 상세 설계

$$P_T = (R + R_e) + \Sigma R_n \qquad (3.7)$$

단, P_T : 송풍기 전압[Pa]

R : 덕트 직관 저항[Pa]

R_e : 덕트 국부 저항[Pa], 엘보, 분기, 댐퍼 등

R_n : 기기류의 저항[Pa], 코일, 필터 등

b) 개략 설계

$$R + R_e = f \cdot R \qquad (3.8)$$

$$P_T = f \cdot R + \Sigma R_n \qquad (3.9)$$

f : 국부 저항률

소규모 덕트일 때(또는 굴곡이 많을 때)	2.0~2.5
대규모 덕트일 때(총길이 50m 이상)	1.5~2.0
소음장치가 다수 있을 때	2.5~3.5

덕트 직관부의 저항 R은 주 덕트의 풍속에서 구해진 1m당 저항[Pa/m]×직관 길이[m]를 이용하면 된다. 단위 마찰저항이 커지면 P_T가 증대하기 때문에 되도록이면 풍속을 느리게 한다(단위 마찰저항은 1.0~1.5Pa/m가 일반적이다). 또 **시공도의 완성 시점에서 상세 설계를 하여 송풍기의 전압(全壓)을 체크한다.**

〔3〕 송풍기의 정압

송풍기의 성능은 풍량, 정압(靜壓)으로 대부분 표시되며, 앞에 기술한 전압으로부터 토출 풍속에 해당하는 동압(動壓)을 빼면 되지만, 송풍기를 선정할 때는 여유있게 전압을 그대로 정압 표시하는 경우가 많다. 즉,

$$P_s = P_V - P_V \qquad (3.10)$$

단, P_s : 정압[Pa]

P_T : 전압[Pa]

P_v : 동압[Pa]

또한, 동압은 다음 식으로 계산한다.

$$P_v = \frac{Pv^2}{2} = 0.6v^2 \qquad (3.11)$$

단, P_v : 동압[Pa]

v : 풍속[m/s]

일반 공기조화에서 사용되는 풍속의 동압을 나타낸다.

공기의 동압

v[m/s]	1.0	2.0	3.0	4.0	5.0	6.0	7.0	8.0	9.0	10.0
0.0	0.6	2.4	5.4	9.6	15.0	21.6	29.4	38.4	48.6	60
0.5	1.4	3.8	7.4	12.2	18.2	25.4	33.8	43.4	54.2	66
v[m/s]	11.0	12.0	13.0	14.0	15.0	16.0	17.0	18.0	19.0	20.0
0.0	73	86	101	118	135	154	173	194	217	240
0.5	79	94	109	126	144	163	184	205	228	252
v[m/s]	21.0	22.0	23.0	24.0	25.0					
0.0	265	290	317	346	375					
0.5	227	304	331	360	390					

(예제) 풍속 21.5m/s에 대한 동압은 277Pa

〔4〕 송풍기의 법칙

송풍기의 회전수를 바꾸면 특성값은 거의 다음 식과 같이 변한다.

$$Q_1 = \frac{N_1}{N} Q \qquad (3.12)$$

$$P_1 = \left(\frac{N_1}{N}\right)^2 P \qquad (3.13)$$

$$W_1 = \left(\frac{N_1}{N}\right)^3 W \qquad (3.14)$$

단, Q : N일 때의 풍량　　Q_1 : N_1일 때의 풍량

P : N일 때의 전체 압력　　P_1 : N_1일 때의 전체 압력

W : N일 때의 축 동력　　W_1 : N_1일 때의 축 동력

N : 초기의 회전수　　N_1 : 변경 후의 회전수

3-3 패키지형 공조기

〔1〕 패키지형 공조기의 종류

a) 패키지형 공조기의 대표적인 종류를 다음에 나타낸다(전기식만 해당)

① 수냉 패키지 방식(냉방 전용)

② 수열원 히트펌프 패키지 방식

③ 공랭 히트펌프 패키지 방식

④ 공기 열원 히트펌프 패키지 방식

b) 패키지 방식을 정한다

일반적으로 설계(계획) 단계에서 냉온 열원, 해당 룸의 실내 환경·사용 조건을 고려하여 패키지 방식은 정해져 있다.

① 수냉 패키지 방식(냉방 전용)

1) 대부하의 연간 냉방이 필요한 전기실, 전산실 등에 채용된다.

2) 일반용으로서 난방이 필요한 경우는, 온수 보일러에 의한 온수를 사용하여 패키지 내에 온수 코일을 내장한다.

3) 그림에서는 개방식 냉각탑이지만 배관 등의 부식 방지를 위해 밀폐식 냉각탑이 바람직하다.

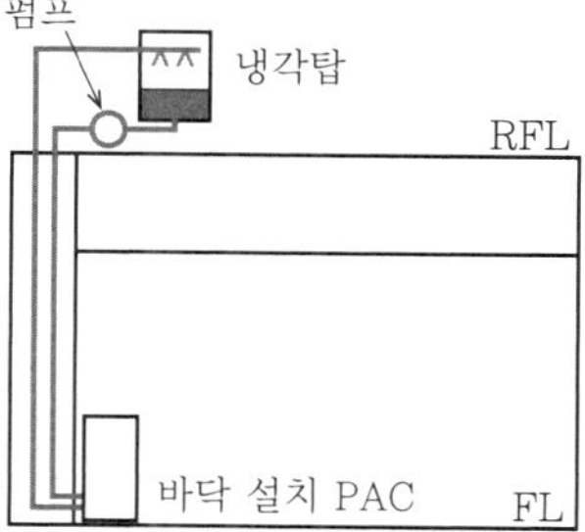

② 수열원 히트펌프 패키지 방식

1) 건물 내에서 동 시기에 냉방부하, 난방부하가 혼재하는 방이 있는 경우에 채용된다. 단, 냉각탑·보조 온열원이 공용이므로 사용 시간대에 유의한다.

2) 보조 온열원은 워밍업 부하(난방부하×1.2~1.4)를 고려하여 선정한다.

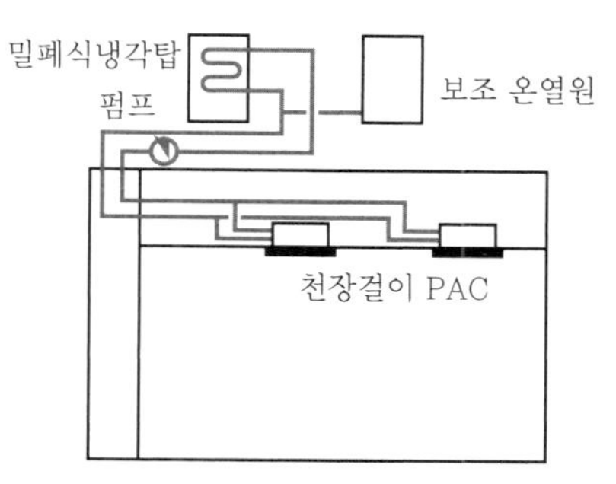

③ 공랭 히트펌프 패키지 방식

1) 옥상 등에 설치한 실외기와 복수의 실내기를 냉매관으로 연결하여 냉난방을 한다.

2) 실외기를 발코니에 설치하는 경우는 합선으로 능력이 저하되지 않도록 주의한다.

3) 냉매 배관은 각 제조사에 따라 실외기에서~가장 먼 실내기 및 제1분기~가장 먼 실내기까지의 배관 상당 길이의 허용치가 정해져 있으므로 확인한다.

4) 냉매 배관은 각 제조사에 따라 실외기에서~실내기의 고저차 및 실내기~실내기의 고저차 허용치가 정해져 있으므로 확인한다.

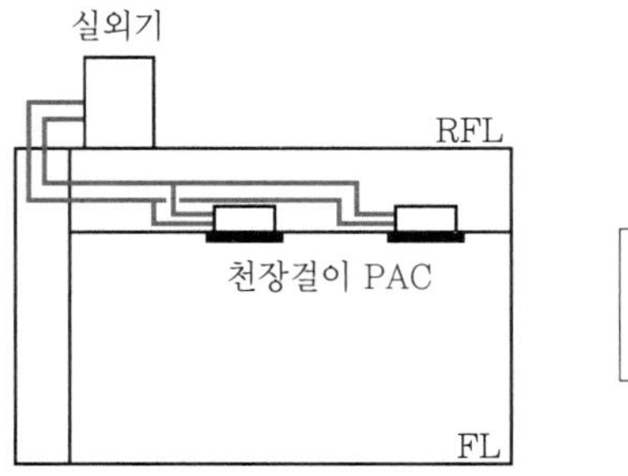

냉매 배관 크기의 선정 및 드레인 배관에 대해서는 8장 참조

④ 공기 열원 히트펌프 패키지 방식

1) 냉온수 배관이나 냉매관이 없어 에너지 반송 동력이 불필요하다.

2) 기계실이나 샤프트가 불필요하다.

3) 외기 온도가 -5℃ 이하가 되는 한랭지에서는 채용 시 주의가 필요하다.

4) 외부 소음이 외벽 개구부를 통해 실내로 침입하지 않는지 검토한다.

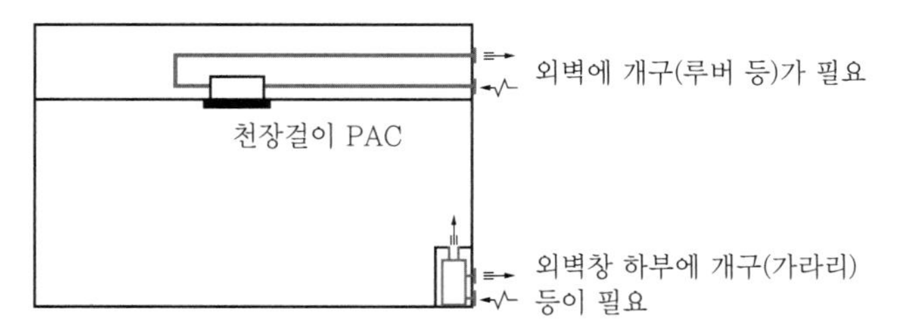

〔2〕 패키지형 공조기의 능력표 조건

제조사의 표준 능력표는 JIS B 8615-1 또는 2의 표준 조건으로 냉매 배관 길이 7.5m, 실외기~실내기의 고저차 0m일 때의 값이다.

[JIS B 8615-1 또는 2의 표준 조건]

냉방 시 : 실내 측 흡입 공기 건구 온도 27℃ 습구 온도 19℃
실외 측 흡입 공기 건구 온도 35℃

난방 시 : 실내 측 흡입 공기 건구 온도 20℃ 실외 측 흡입 공기 건구 온도 7℃
습구 온도 6℃

난방 저온 시 : 실내 측 흡입 공기 건구 온도 20℃ 실외 측 흡입 공기 건구 온도 2℃
습구 온도 1℃

*운전 조건이 다른 경우는 다음 페이지의 각종 능력을 보정한다.

〔3〕 패키지형 공조기의 선정 순서

빌딩용 멀티에어컨의 기기 선정 순서를 다음 페이지에 나타낸다.

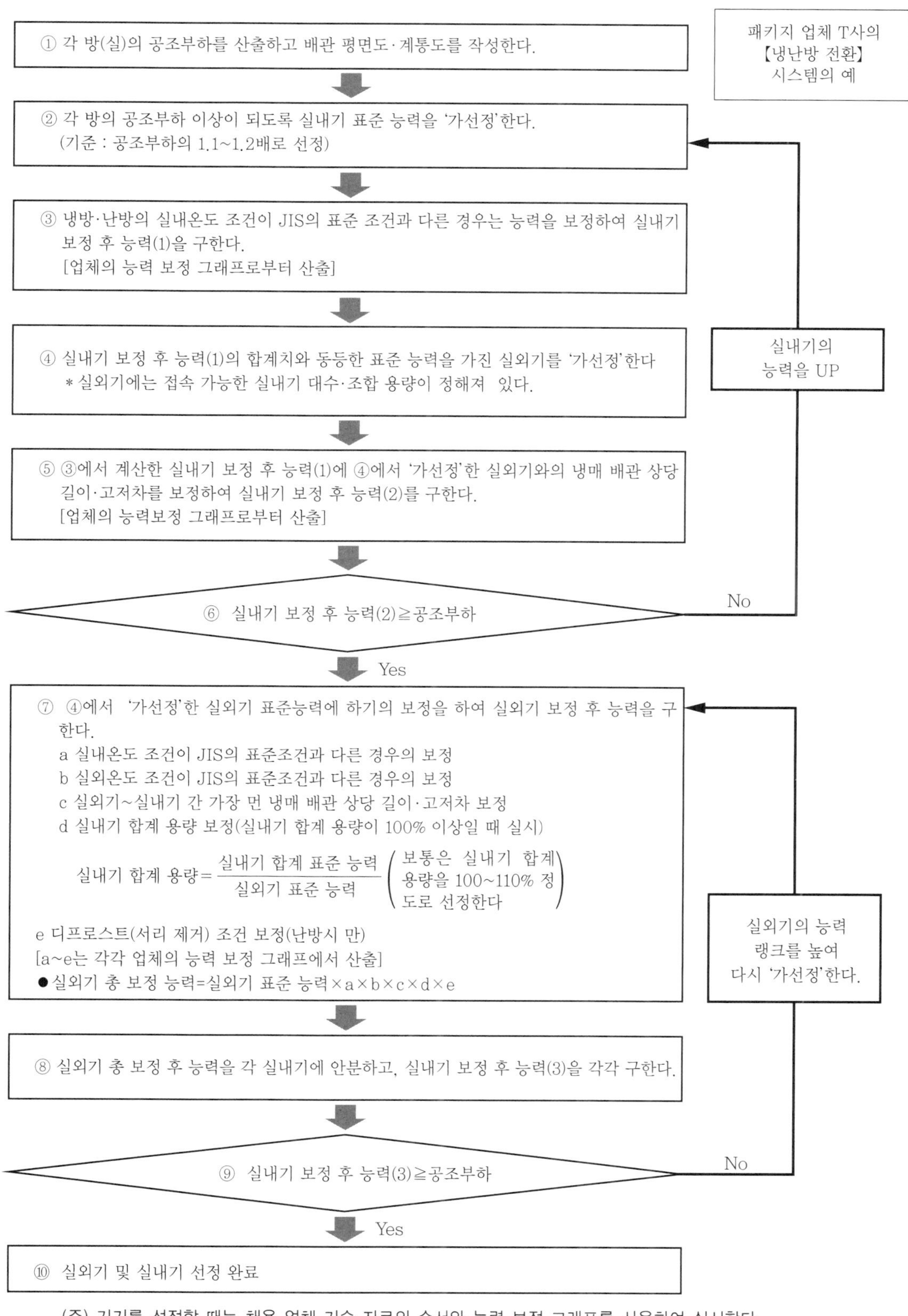

(주) 기기를 선정할 때는 채용 업체 기술 자료의 순서와 능력 보정 그래프를 사용하여 실시한다.
그 후, 업체(대리점) 담당자에게 확인을 의뢰한다.

3-4 증기

(1) 증기량의 계산

증기 유량의 산출은 다음 식에 의한다.

$$Q_s = \frac{q}{\gamma} \qquad (3.15)$$

단, Q_s : 증기 유량[kg/h]

q : 방열량 또는 필요 열량[kg/h] [kJ/h]=[kW]×3600

γ : 사용 증기압(게이지)의 증발 잠열[kJ/kg]

증기표나 아래 그림(절대압력 표시에 주의)에서 구한다.

증기표(발췌)

게이지 압력 [kPa]	온도 [℃]	엔탈피 i [kJ/kg]	증발 잠열 r [kJ/kg]
0	100	2,676	2,257
5	101	2,677	2,254
35	108	2,688	2,235
50	111	2,693	2,226
100	120	2,706	2,202
200	134	2,725	2,163
300	144	2,738	2,133
400	152	2,748	2,108
500	159	2,756	2,086
700	170	2,768	2,047
1,000	184	2,781	1,999
1,500	201	2,793	1,934
2,000	215	2,799	1,879

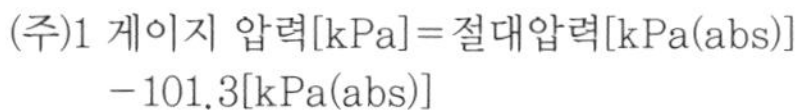
(주)1 게이지 압력[kPa]=절대압력[kPa(abs)]
−101.3[kPa(abs)]

(주)2 일반 증기표는 절대압력으로 표시되어 있으므로 주의할 것.

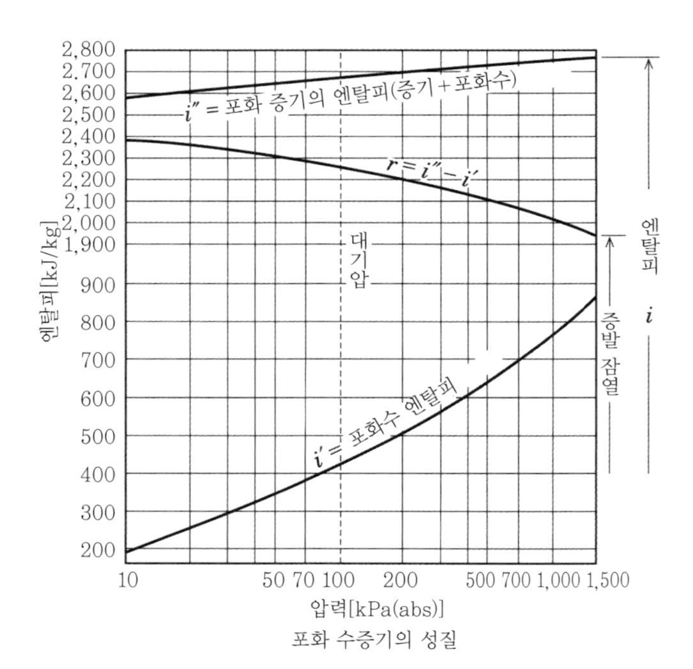

포화 수증기의 성질

(2) 상당 방열 면적의 산출

상당 방열 면적(EDR)이란 다음 표에 나타내는 표준 상태에서 대류 방열기(컨벡터 등)의 용량을 나타내는 단위이다. 상당 방열 면적의 산출은 다음식에 의한다.

	표준 방열량 [kW/m²] [kcal/(h·m²]	표준 상태에서의 온도	
		열매 온도[℃]	실내 온도[℃]
증기	[0.76]650	102	18.5
온수	[0.52]450	80	18.5

$$\text{EDR} = \frac{H}{q_0} \qquad (3.16)$$

단, EDR : 상당 방열 면적[m²]

H : 표준 상태에서 방열기의 용량[kcal/h]

q_0 : 표준 방열량[kcal/h·m²]　[kW]=[kcal/h]/860

〔3〕 신축량의 계산

증기 배관은 온도가 높기 때문에 반드시 관의 신축을 체크하여야 한다. 온도 변화에 의한 관재(管材)의 신축량은 다음 계산식 또는 도표에 의한다.

$$l = c \cdot L(t_2 - t_1) \tag{3.17}$$

단, l : 관의 신축량[m]

c : 관의 선팽창계수[℃$^{-1}$]

L : 온도 t_1[℃]일 때의 관의 길이[m]

t_1 : 관의 초기 온도[℃]

t_2 : 관의 가열(또는 냉각) 후의 온도[℃]

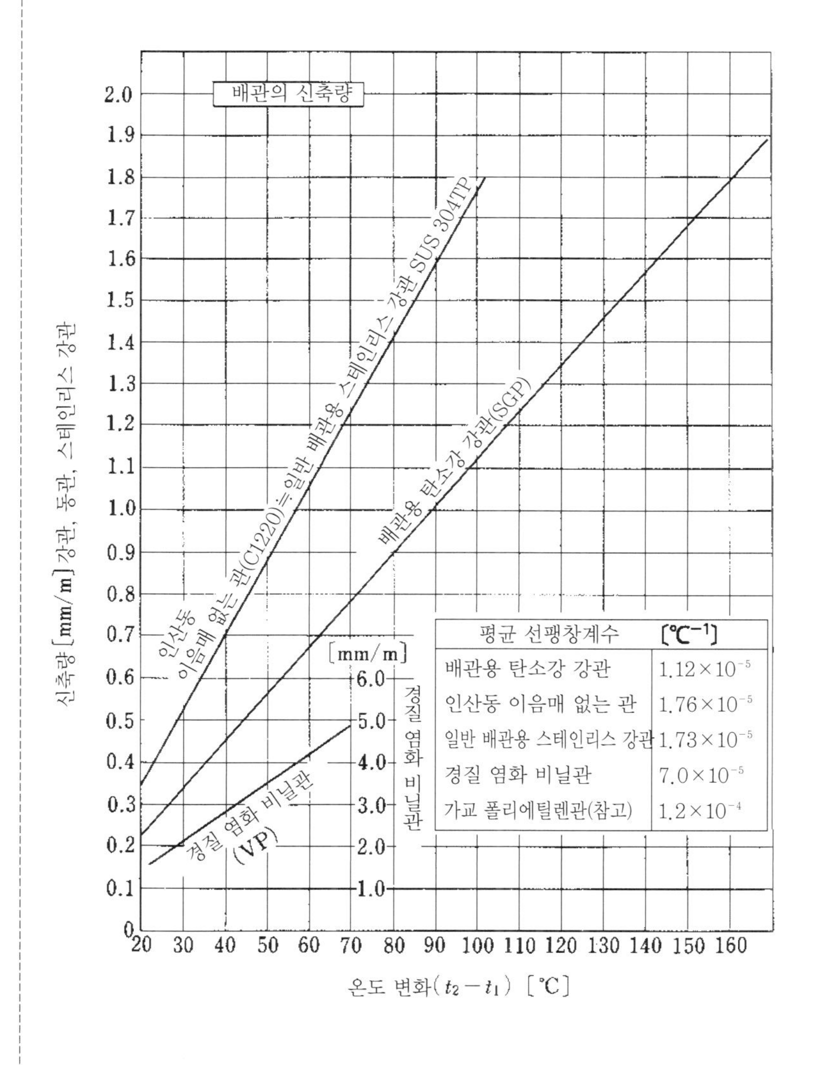

평균 선팽창계수	[℃$^{-1}$]
배관용 탄소강 강관	1.12×10^{-5}
인산동 이음매 없는 관	1.76×10^{-5}
일반 배관용 스테인리스 강관	1.73×10^{-5}
경질 염화 비닐관	7.0×10^{-5}
가교 폴리에틸렌관(참고)	1.2×10^{-4}

3-5 펌프 양정과 축 동력

(1) 펌프의 양정 계산

a) 상세 설계

$$h_T = h + h_e + \Sigma h_n + \text{실양정} \quad (3.18)$$

단, h_T : 펌프 양정[kPa]

h : 직관 저항[kPa]

h_e : 국부 저항[kPa], 엘보, 분기관, 밸브 등

h_n : 각 기기의 저항[kPa], 냉동기, 열교환기, 코일 등

실양정 : 오픈 방식의 경우 수면과 배관 정상부까지의 높이[kPa]

클로즈 방식의 경우 높이에 관계없이 왕복으로 상쇄된다.

직관 저항은 수량, 관 지름으로부터 결정되는 단위 마찰저항(일반적으로는 300~600Pa/m)에서 산출한다.

b) 개략 설계

국부 저항은 같은 저항을 발생하는 같은 지름의 직관 길이로 환산하여 상세 설계를 하지만, 공기조화 배관의 개략 설계는 다음 식에 따른다.

$$h + h_e = f \cdot h \quad (3.19)$$

$$hr = f \cdot h + \Sigma hn \qquad f = \text{국부 저항률} \quad (3.20)$$

소규모 건물	2.0~2.5
대규모 건물	1.0~1.5
중규모 건물	1.5~2.0

또한 **시공도의 완성 시점에서 상세 설계를 하고 펌프의 양정을 체크한다.**

(2) 펌프 (송풍기)의 축 동력

펌프는 일반적으로 수량이 적거나 양정이 높을수록 효율이 떨어진다.

수량, 양정, 효율로부터 축 동력을 산출하는 선도를 다음 페이지 위에 나타낸다. 송풍기의 축 동력도 디멘션(풍량[m^3/min], 전압[Pa])이 변할 뿐 펌프 축 동력이 계산식(다음 페이지 위 그림 안)과 동일하다.

(3) 전동기의 전류, 전압과 소비전력

3상 유도전동기의 전류, 전압에서 다음 식으로 소비전력을 구할 수 있다.

$$P = \frac{\sqrt{3} I \cdot E}{1{,}000} \cdot \cos\phi \quad (3.21)$$

단, P : 소비전력[kW]　　I : 전류[A]

E : 전압[V]　　$\cos\phi$: 역률

시공도에 의해 완성된 설비가 시운전으로 어떤 결과가 되었는가를 체크하기 위해서는 전동기(모터) 효율과 기계 효율이 다르므로 이들을 감안해야만 한다. 전동기 효율만을 넣은 [A], [V], [kW]의 관계를 다음 페이지 아래에 나타낸다. 기계 효율은 기종 및 그 선정에 따라 다르지만, 대략 0.7을 곱한 수치를 출력이라고 보면 된다.

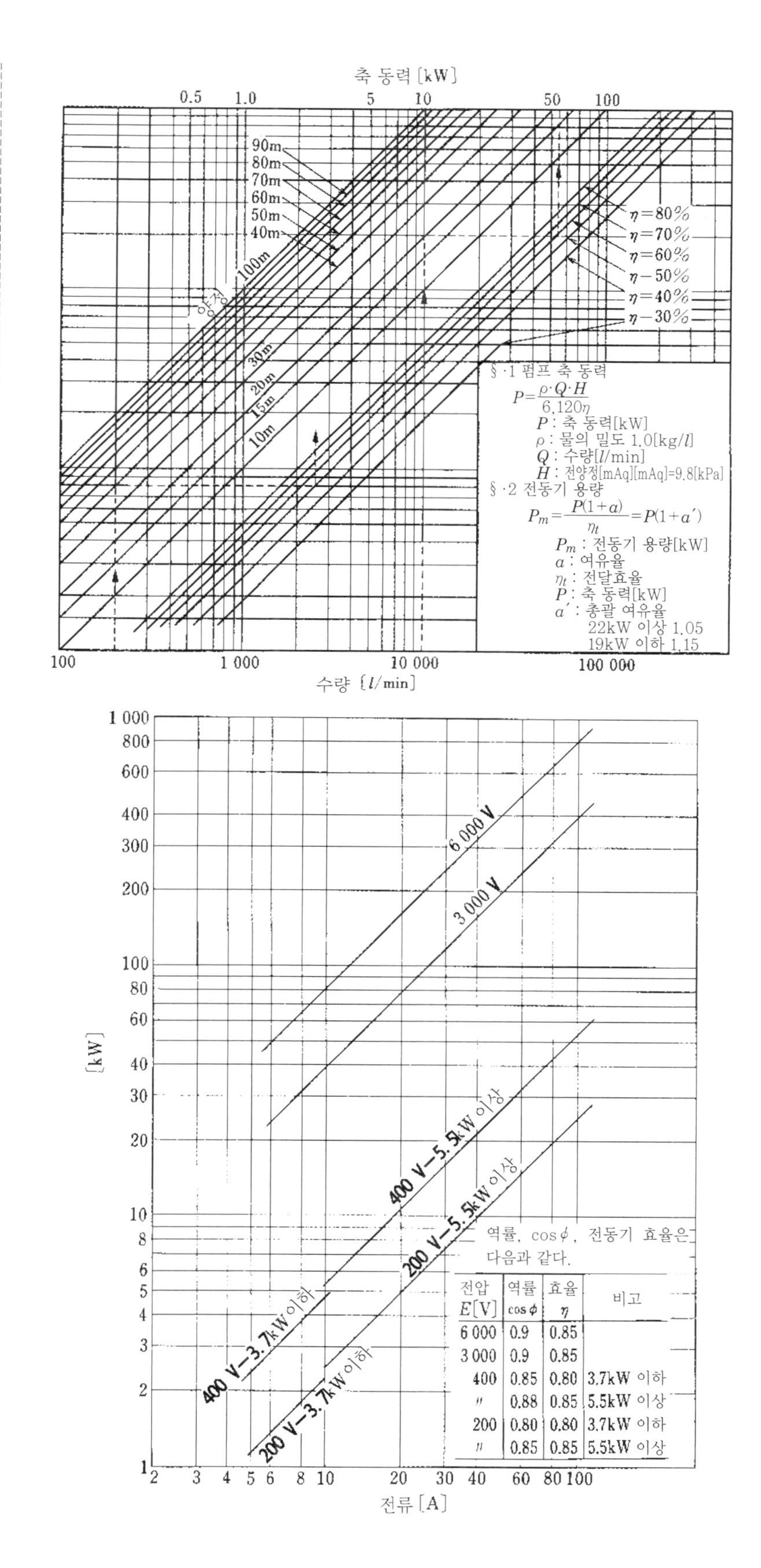

전압 E[V]	역률 cos ϕ	효율 η	비고
6 000	0.9	0.85	
3 000	0.9	0.85	
400	0.85	0.80	3.7kW 이하
〃	0.88	0.85	5.5kW 이상
200	0.80	0.80	3.7kW 이하
〃	0.85	0.85	5.5kW 이상

3-6 덕트 치수·관 지름 결정 방법

(1) 덕트 치수

덕트의 단위 마찰저항과 최대 풍속의 선정 기준 예를 다음 표에 나타낸다. 호텔, 사무실, 공장 등 용도에 따라 그때그때 현장에서 기준을 정하면 된다. 정해진 풍량, 단위 마찰저항과 최대 풍속으로부터 직관 덕트 유량 선도 또는 공기 덕트 계산척에 의해 치수를 선정한다.

일반적으로 단위 마찰저항은 1.0~1.5Pa/m 정도가 좋다.

덕트 풍속 기준

조건 \ 마찰저항·풍속		단위 마찰저항 [Pa/m]	덕트 내 최대 풍속[m/s]		
			주 덕트	주기 덕트	분기 덕트
저속 덕트	NC-20	1.0	7~8	5~6	3~4
	NC-25~NC-30	1.0	8~10	6~7.5	4~5
	NC-35~NC-50	1.0	13	9	6
	NC-50~	1.0	15	12	9
고속 덕트		5.0	22	16	12
배연 덕트		5.0	22	16	12

환형 덕트는 주로 지관(枝管)에 사용되는 경우가 대부분이며, 건물 용도에 따라 아래 표(사무실 사용 예)와 같이 현장마다 미리 정해서 일람표로 하면 선정 시간의 단축, 실수의 방지, 도면의 통일을 도모할 수 있다.

공기조화 환형 덕트 선정 기준(단위 마찰저항 1.0Pa/m)

풍량[m^3/h]	덕트 치수[mmϕ]	풍속[m/s](상한 풍량)
~200 미만	150	3.2
200 이상~280 미만	175	3.5
280 이상~430 미만	200	3.9
430 이상~ 600 미만	225	4.2
600 이상~780 미만	250	4.5
780 이상~1,260 미만	300	5.0
1,260 이상~1,860 미만	350	5.5

(주) D.B2 0℃, R.H 60%, 101.3kPa, ε=0.18[mm]

배연 환형 덕트 선정 기준(단위 마찰저항 5.0Pa/m)

배연 풍량[m^3/min]	덕트 치수[mmϕ]	풍속[m/s](상한 풍량)
5 이상~16 미만	200	8.5
16 이상~28 미만	250	9.9
28 이상~46 미만	300	11.0
46 이상~70 미만	350	12.1
70 이상~103 미만	400	13.5
103 이상~140 미만	450	14.5
140 이상~183 미만	500	15.5

(주) 배연 풍량의 단위는 m^3/min로 했다.

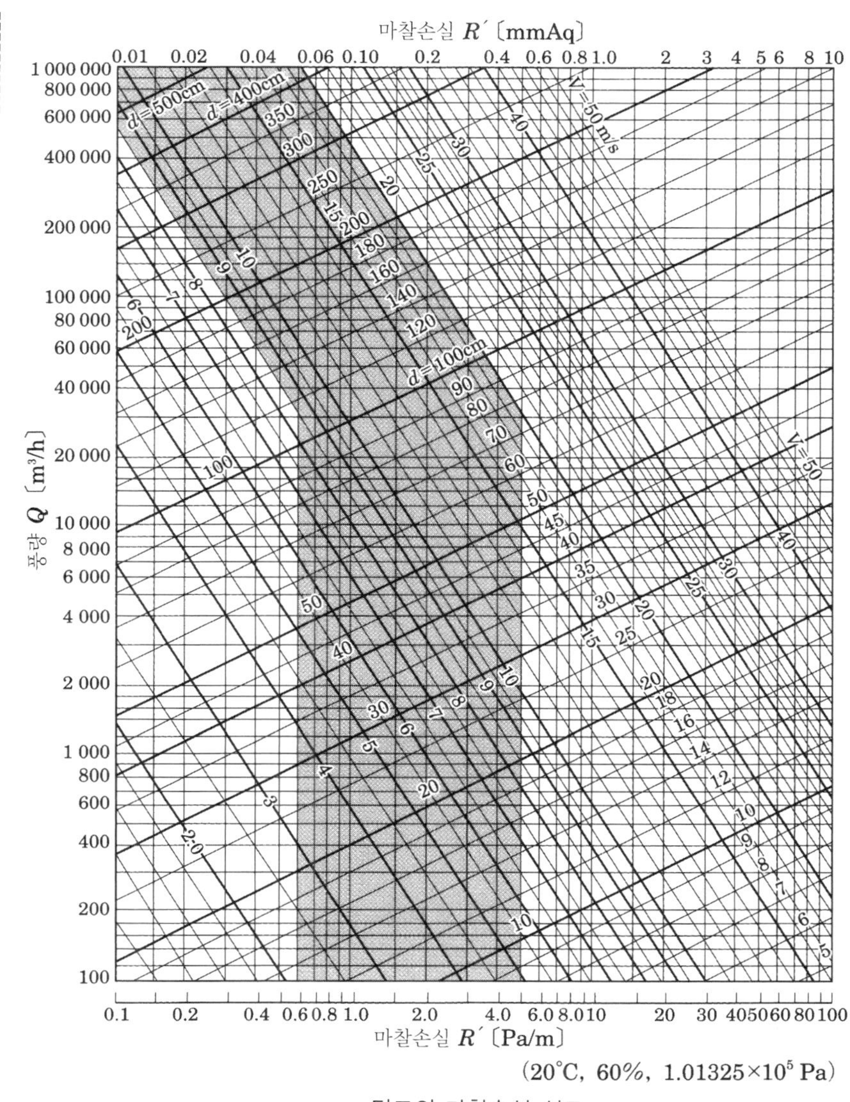

덕트의 마찰손실 선도

출처 : 공기조화 · 위생공학편람3 공기조화설비 설계편(공기조화 · 위생공학회)

〔2〕 수도관의 관 지름

수도관의 지름은 수량, 단위 마찰저항, 최대 수속(水速)을 이용해서 다음 페이지의 수류량 선도 또는 수도관 계산척에 의해 선정한다. 단위 마찰저항과 최대 수속은 배관 계통의 길이 및 건물의 용도에 따라 그때그때 현장에서 기준을 정하는 것이 좋지만, 일반적으로는 **단위 마찰저항** 300~600Pa/m 정도이다. **관내 수속(최대)**은 0.5~3.0m/s 정도이며, 가는 것일수록 느리게 설정하도록 한다. 어느 병원 현장에서 적용한 단위 마찰저항과 최대 수속의 기준 예를 표에 나타내었다.

모 병원 현장에서 정한 기준 예

	냉·온수관	냉각수관
단위 마찰저항 [Pa/m]	300	400
최대 수속 [m/s]	1.5	1.5

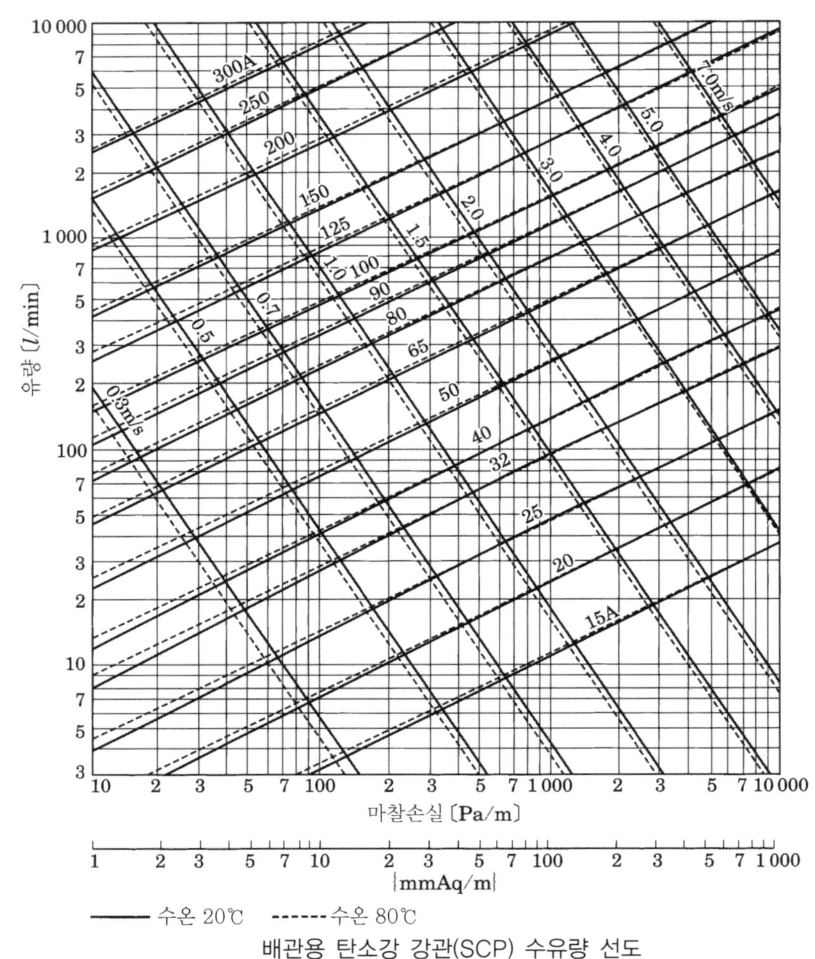

배관용 탄소강 강관(SCP) 수유량 선도

출처 : 공기조화·위생공학편람3 공기조화설비 설계편(공기조화·위생공학회)

〔3〕 증기 배관의 관 지름

증기의 공급 압력(예를 들면 보일러 압력)에서 사용 압력(히터 입구)까지의 **허용 전압력 강화**와 유속, 유량으로부터 관 지름을 선정하는 것은 물 배관과 같으나, **유속의 제한**이 수평관의 순기울기, 역기울기, 수직관 등에 따라 크게 다르므로 주의를 요한다. 증기 속도는 다음 표의 **제한 속도 이하**로 한다. 증기 속도는 증기 유량 선도, 증기 배관 계산척으로부터 구한다.

증기관 내의 제한 속도[m/s]

관 지름	A	20	25	32	40	50	65	80	100
	B	$\frac{3}{4}$	1	$1\frac{1}{4}$	$1\frac{1}{2}$	2	$2\frac{1}{2}$	3	4
역기울기 가로관(기울기 1/100)		6.6 이하	7.5	8.7	8.7	8.7			
상향관		9.1 이하	10.3	12.2	13.5	16.0	18.3	19.2	21.9
순기울기 가로관		40m/s 이하							

증기 초기압력과 단위 압력손실, 지름, 증기 유량의 관계를 다음 증기 유량 선도 및 다음 페이지의 증기 유량 조견표에 나타낸다.

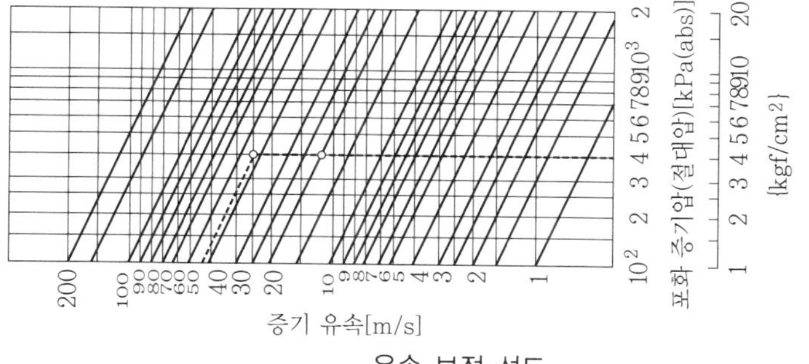

유속 보정 선도

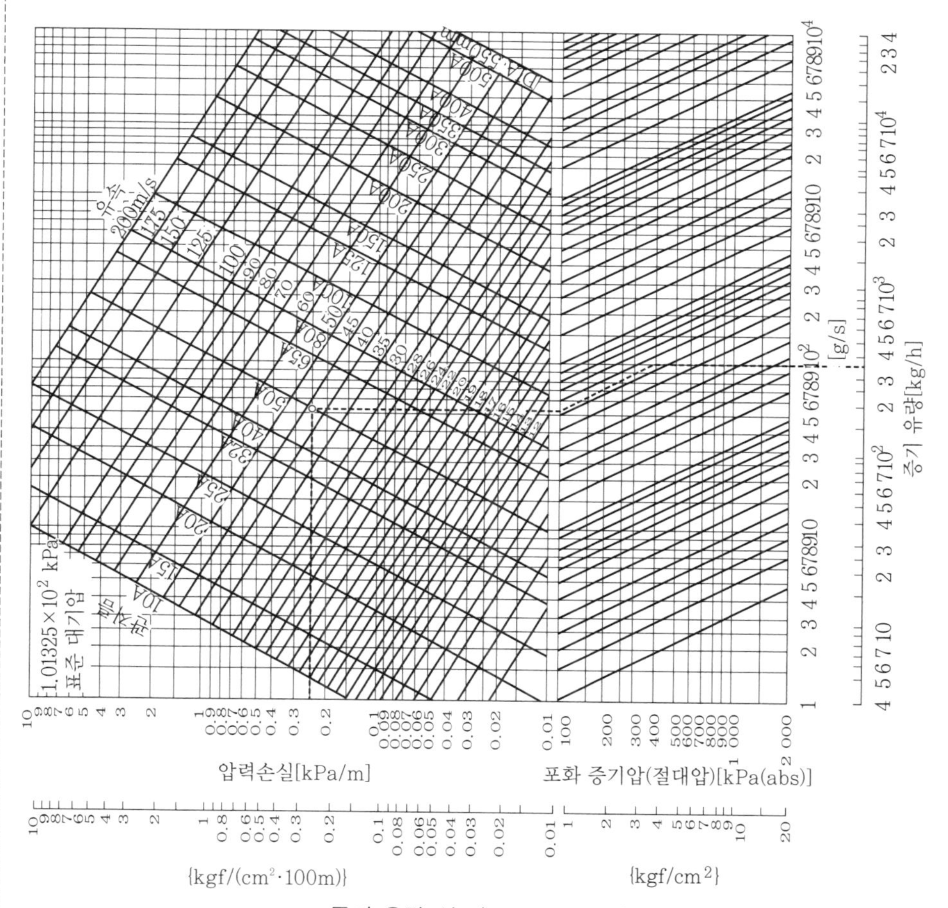

증기 유량 선도(ε=0.045mm)

(사용 예) 증기 유량 360kg/h, 초기 증기 절대압 400kPa(게이지압 300kPa), 압력손실 0.25kPa/m일 때, 증기관의 관 지름은 50A, 증기 속도는 43.0m/s→유속 보정 선도에서 25.0m/s가 된다.

출처 : 공기조화·위생공학편람3 공기조화설비 설계편(공기조화·위생공학회)

증기 유량 조견표[kg/h]

압력·손실 \ 관 지름		20	25	32	40	50	65	80	100	125	150	200	250	300
P=35 [kPa] R=0.05 [kPa/m]	순기울기	10	20	40	50	100	180	300	600	1200	1800	3600	5600	8100
	상향	10	20	40	50	100	180	270	530	800	1200	2000	3100	4400
	역기울기	7	12	25	35	55	90	120	210	320	460	800	1200	1800
P=200 [kPa] R=0.4 [kPa/m]	순기울기	40	80	160	230	420	840	1200	2000	3100	4400	7700	12000	17000
	상향	20	35	70	110	210	380	570	1100	1700	2400	4200	6500	9300
	역기울기	14	26	50	70	110	180	260	440	680	960	1700	2600	3700
P=500 [kPa] R=0.5 [kPa/m]	순기울기	64	130	250	370	700	1500	2200	3900	6000	8500	15000	23000	33000
	상향	37	70	140	210	390	740	1100	2100	3300	4600	8100	13000	18000
	역기울기	27	50	100	130	210	350	500	850	1300	1800	3200	5000	7100
P=800 [kPa] R=0.6 [kPa/m]	순기울기	90	180	330	480	930	1900	2900	5700	8800	12000	22000	33000	48000
	상향	55	100	200	300	580	1100	1600	3100	4800	6800	12000	18000	26000
	역기울기	40	75	140	190	320	510	730	1300	1900	2700	4700	7300	10000

P=포화 증기압(게이지)　　R=압력손실

(4) 환수(증기 회수) 배관의 관 지름

환수관의 압력차는

$$\Delta P_T = P_i - P_r + \Delta P_h \tag{3.22}$$

단, ΔP_T : 환수관 압력차

P_i : 공급 증기압×0.7−(제어 밸브 압력손실+트랩 압력손실)[kPa]

P_r : 환수 탱크로 방출할 경우 0

진공 급수 펌프로 흡인할 경우(−20kPa)

ΔP_h : 환수 수직 압력손실

수직 수주×10[kPa)

압력손실(초기 증기압), 유량과 관 지름의 관계를 다음표에 나타낸다.

환수 유량표(가로 배관)[kg/h]

압력손실 [kPa/m] \ 관 지름 A	20	25	32	40	50	65	80	100	125	150	증기압 [kPa]
0.05	70	140	290	470	1000	1500	3000	6500	12000	19000	35
0.1	100	210	430	700	1500	2300	4400	9600	17000	28000	200
0.2	150	310	630	1000	2100	3300	6400	14000	26000	41000	400
0.5	260	510	1070	1700	3600	5500	8000	17000	32000	51000	700~800
1.0	380	750	1500	2500	5000	8000	16000	34000	60000	100000	1000

상향 수직관은 가로 배관과 같은 지름으로 하고, 하향 세로관은 1사이즈 내린다. 또한 환수 주관(主管)의 최소 지름은 32A로 한다.

작도상의 유의사항

4-1 작도의 준비

〔1〕 승인까지의 단계(과정)

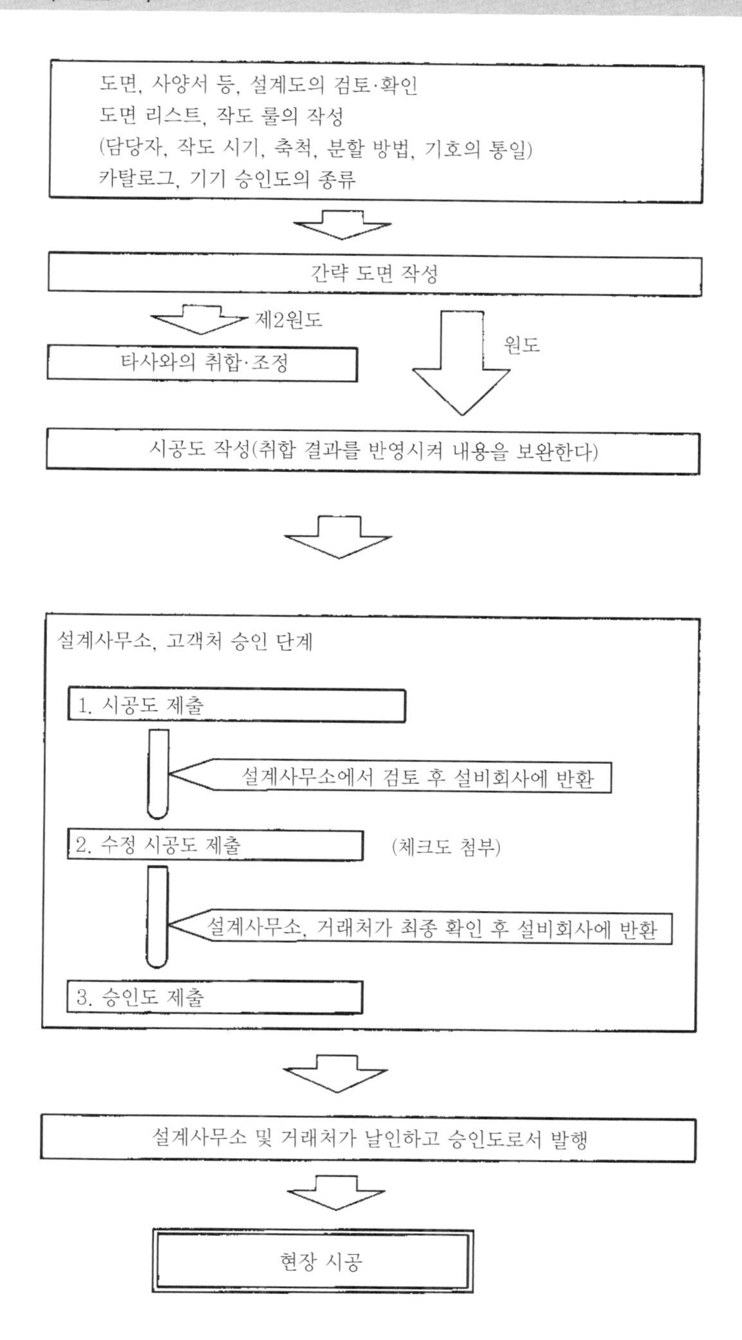

〔2〕 작성상의 요점

한 장의 시공도 그리는 법에서 언급한 요점 외에 다음에 대해서도 주의한다.

1)	공사 공정과의 관련성을 충분히 파악하여 시공도 작성이 지체되지 않도록 한다.
2)	현장의 계획은 모두 시공도가 기본이라는 것을 염두에 둔다.
3)	시공도는 비용과 직결된다는 점을 염두에 두고, 무리하지 않되 낭비가 없는 방법을 찾도록 한다.
4)	설계도, 사양서 등을 충분히 이해하고, 설계자의 의도가 정확히 반영되도록 해야 한다.
5)	보수관리 공간을 확보한다.
6)	놓임새가 엄격한 부분은 다른 설비의 장애물을 이점 쇄선으로 기입한다.
7)	법규를 충분히 이해하여 도면에 반영한다.
8)	문자와 치수는 누구나 이해할 수 있도록 기입한다.
9)	관련 공사와 구분을 명확히 한다.
10)	보류 부분이 결정되거나 변경 또는 추가가 생길 때는 조속히 도면을 수정하고 그 취지를 정정란에 기입한다.
11)	도면을 발행하는 경우는「검토도」,「타협도」등의 구별과 연월일을 명확하게 한다.

〔3〕 작성 시에 필요한 도면

시공도 작성에 필요하다고 생각되는 다른 공사의 도면을 아래 표에 나타낸다. 작도하는 도면의 종류 및 시기에 맞춰서 필요한 도면을 준비한다.

준비 단계

건축도	평면도·입면도·단면 상세도
	전개도·외구도
	마무리표·창호표·천장 평면도
건축 구조도	
전기설비 설계도	
위생설비 설계도	
자가발전·승강기·공기 수송관 장치 등의 각 설비 설계도	

작성 시

건축 구체도
방화·방연·배연 구분도
전기·위생설비의 구분도
루버·셔터, 창호 등의 제작도
천장 평면(시공도)

(주) 일반적으로 천장 내부를 통과하는 것으로서는 덕트의 크기가 크기 때문에, 먼저 공기조화 시공도를 그리고 다른 설비로 넘겨 준다.

〔4〕 사용 용지

아래 표와 같은 종류의 것들이 있으며, 미리 결정하여 두어야 한다.

지질	주위의 처리	인쇄의 유무	크기
트레이싱 페이퍼	절단한 대로 재봉틀질	무지 회사명 입 자사 종합 건설회사	A1 A2 기타
일본지	절단한 대로		

(주) 1. 일반적으로 용지의 크기는 A1이며, A2는 작은 공사에 사용한다.
2. CAD도는 일반 롤 용지로 출력한다.

4-2 작도에서 결정할 사항

(1) 건축도의 레이아웃

용지 안 어디든 건축도가 위치하면 되는 것은 아니다. 1매의 도면에는 타이틀, 정정란, 상세도, 기구표 등을 포함할 공간이 필요하므로 레이아웃에는 충분히 주의한다. 다음의 표준 배치도를 참고하자.

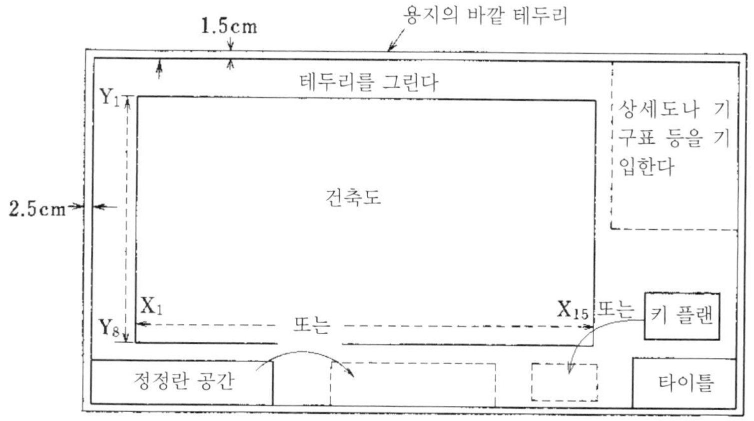

(주) 수작업의 경우 건축도는 이면 트레이스(투시)를 원칙으로 한다.

(2) 도면의 분할과 축척

큰 건물의 시공도는 동일 층을 몇 매로 분할하여 그릴 필요가 있다.

분할 위치를 정할 때 중요한 것은 가운데 써넣는 설비가 토막 토막 끊어져 알기 어렵게 되지 않도록 주의한다. 그러려면 건축이 발행하는 구체도의 분할 위치에 크게 구애받지 말고 공조 조닝의 위치 등을 배려할 필요가 있다. 일반적으로 많이 사용되고 있는 축척을 다음표에 나타낸다.

일반 평면도, 단면도	1/50
기계실	1/50 또는 1/20·1/30
샤프트 내	1/50 또는 1/20·1/30
상세도	1/50 또는 1/20·1/30
기기 배치도	1/50 또는 1/100

(3) 인접하는 도면

동일 층을 몇 매로 분할하여 그리는 경우, 관통 중심선의 위치가 같은 장소에 오도록 한다. 그렇게 하면 접합할 때 편리하고 오류도 발견하기 쉽다.

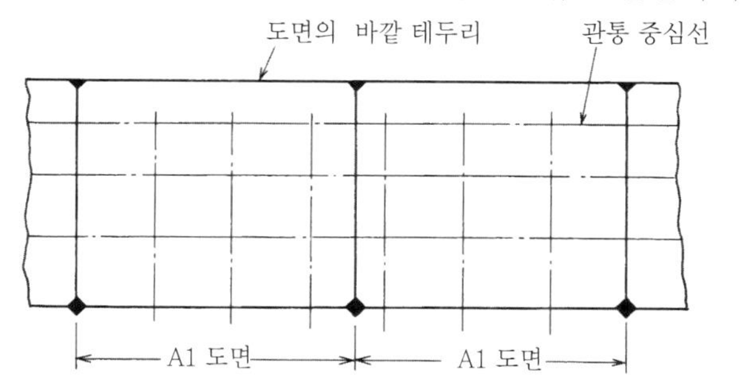

〔4〕 도면의 타이틀

형식에는 특별한 기준이 없고 그때그때 정한다. 내용에는 공사 명칭, 공사 구분, 도면 명칭, 도면 번호, 연월일, 축척, 정리 번호, 회사명, 담당자 등의 구분이 필요하다. 참고로 실제 예를 다음에 나타낸다.

공사 명칭	○○○○ 신축 공사		
공사 구분	공조 설비 공사	도면 번호	
도면 명칭	○○층 덕트·배관 평면도	연월일	
		축척	
		정리 번호	
회사명	○○○ 공업(주)	책임자	담당자

이 공백은 각 현장 직무 관련자의 날인란으로 사용한다.

〔5〕 건축 키 플랜

여러 장으로 분할한 경우 도면이 건물의 어느 부분에 해당하는지를 표시하기 위해서 쓰인다. 원지에 인쇄하는 경우와 고무인을 찍는 방법이 있다. 실제 예를 다음에 나타낸다.

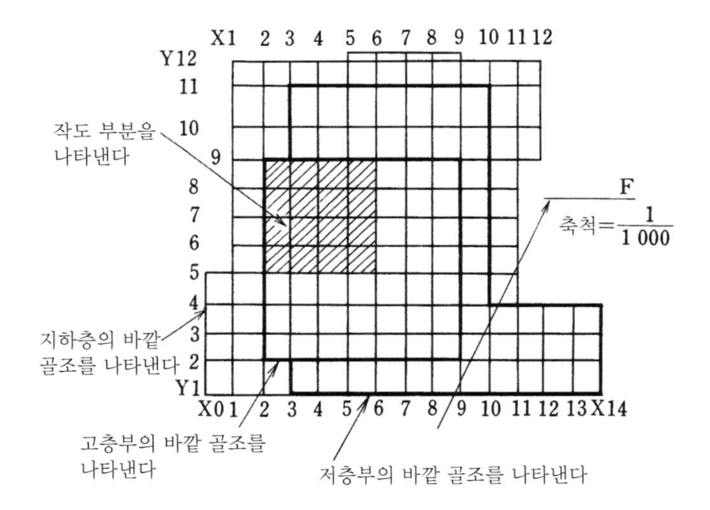

〔6〕 도면 번호

도면을 정리하여 분류할 때 편리하고 시공도 리스트를 작성할 때 결정한다. 기입 예를 다음에 나타낸다.

기입 예

① - ② - ③ (예) A－B_1－01

①의 부분은 공사 항목을 나타낸다.

공조설비도····A (위생 P, 전기 E)

자동제어····A_E

②의 부분은 대상 층을 나타낸다.

③의 부분은 도면의 일련번호를 표시한다.

4-3 유의사항

(1) 관통 중심선의 표시

설계 변경이 잦은 현장에서도 관통 중심선이 변경되는 일은 없다. 각 부의 치수를 따르는 기준선인 만큼 분명하게 표시한다. 참고로 고무인으로 기둥의 관통 중심선을 표시한 예를 제시한다.

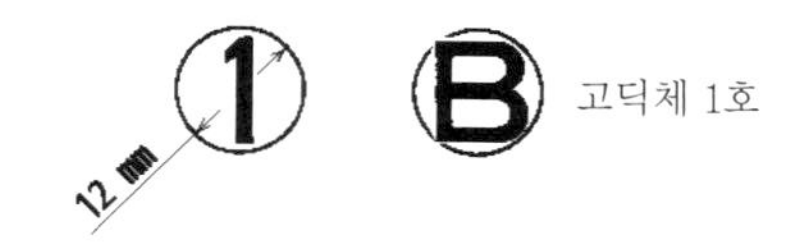

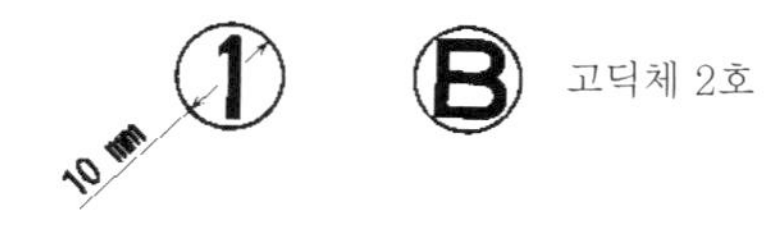

(2) 실명과 천장 높이의 표시

각 방을 통과하는 덕트·배관은 천장 안으로 들어가므로 그 방의 천장 높이를 도면에 표시한다. 그때 바닥 레벨도 같이 기입하면 오류를 발견하기 쉽다.

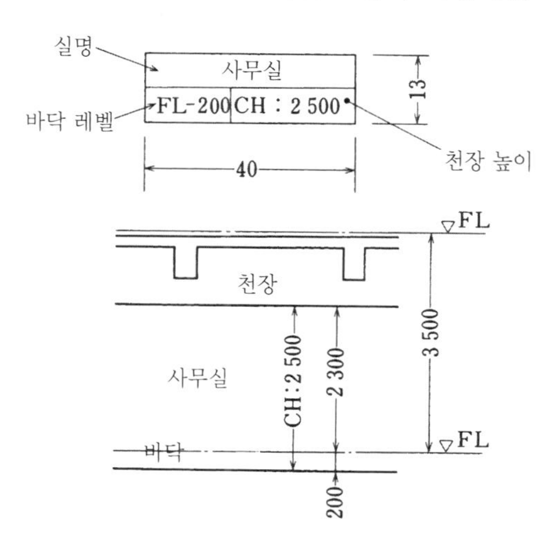

(3) 변경·정정 등의 표시

도면 발행 후 변경 및 정정할 때 '누가', '언제', '어디를', '어떻게' 수정했는지 정정란에 그 취지를 명기해야 한다. 특히 일단 업체나 협력회사에 제작 지시가 떨어졌을 때는 구두로라도 내용을 빨리 전달하면 낭비나 문제가 적다. 또한 크게 변경·정정된 경우는 고객·설계사무소의 재승인을 받아야만 한다. 변경 부분의 표시 방법을 다음 페이지에 나타낸다.

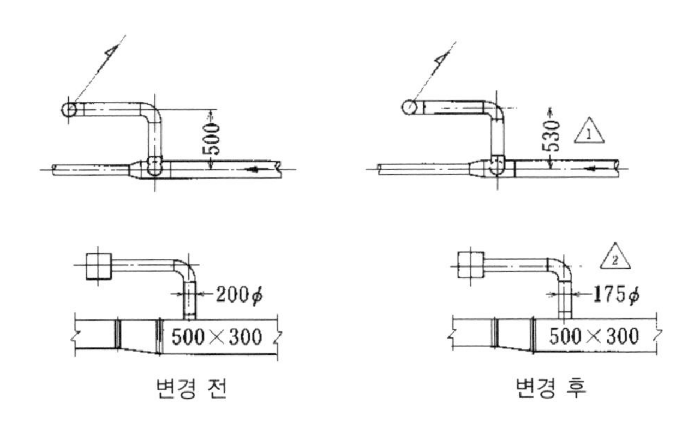

정정 사항

20. 6.7	△1 배관 상승 위치 변경(김○○)
20. 6.15	△2 환형 덕트 크기 변경 200ϕ→175ϕ (이○○)
	⋮
	⋮

변경·정정 내용이 경미한 근사 치수 수정일 경우는 숫자만 고치고, 도면은 그대로 놔두는 경우가 있다. 이것을 기입치수라 하고 다음과 같은 방법으로 표시한다.

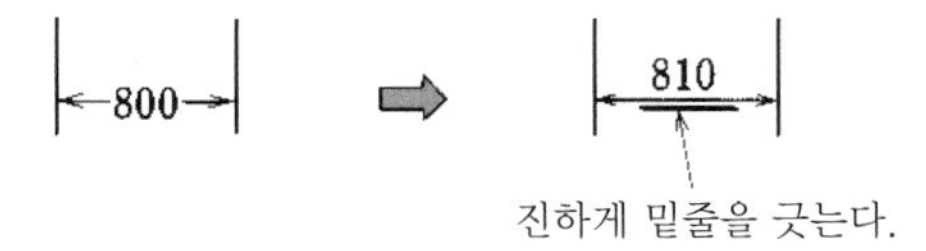

(주) 이 방법은 50mm 정도의 오차가 한도이며, 마무리 기준이 엄격한 부분은 다시 쓰는 것이 좋다.

〔4〕 별도 공사 구분의 표시

도중에 공사 구분이 끝나는 경우 인계 위치 및 치수, 그 이후의 시공회사를 명확히 기입해야 한다. 이를 소홀히 하면 후에 문제의 원인이 된다. 표시법은 다음과 같다.

a) 기기 공사가 별도인 경우

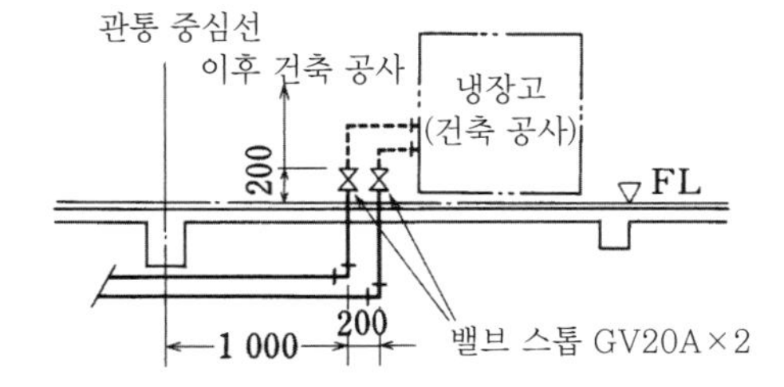

b) 배관 공사가 중간에서 별도인 경우

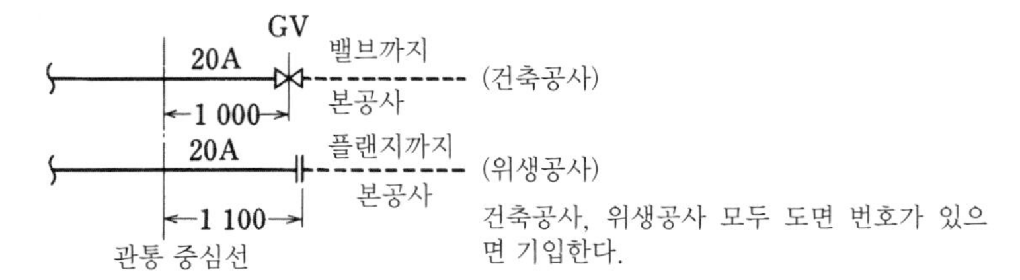

〔5〕 장애물의 표시

놓임새가 엄격한 부분 등은 다른 설비의 장애물을 2점 쇄선으로 표시하고 내용도 함께 기입한다.

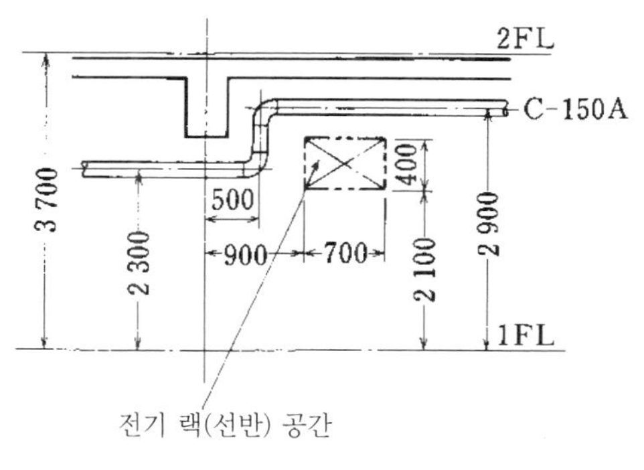

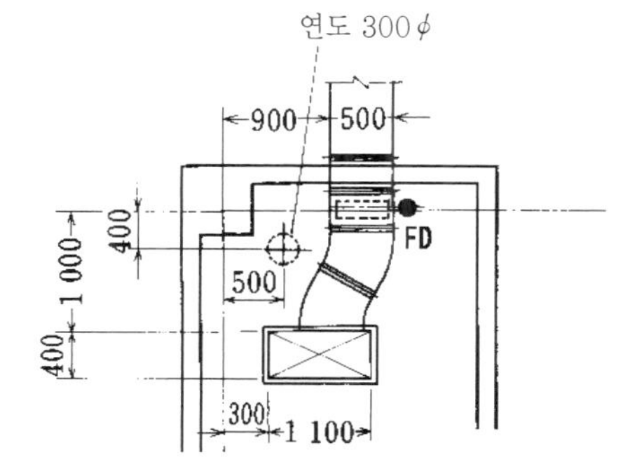

〔6〕 문의 표시

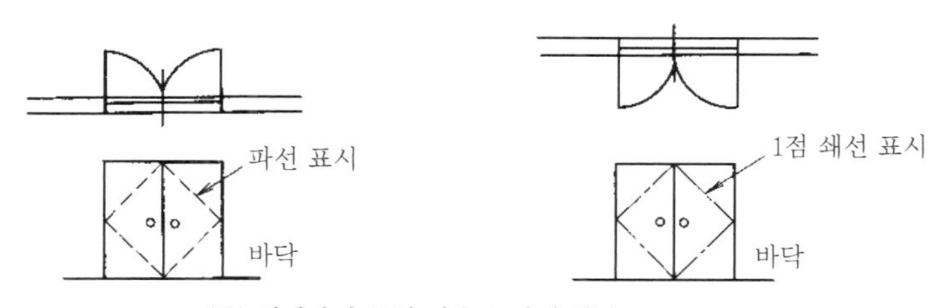

(주) 외여닫이 문의 경우도 같게 한다.

도어 루버붙이-DG(유효 개구면 풍속(통과 속도) 2.0m/s 이하로 한다).

언더컷-UC(유효 개구면 풍속(통과 속도) 1.5m/s 이하로 한다).

(주) 건축의 창호도에서 DG, UC의 유무와 치수(필요 면적)를 반드시 확인한다.

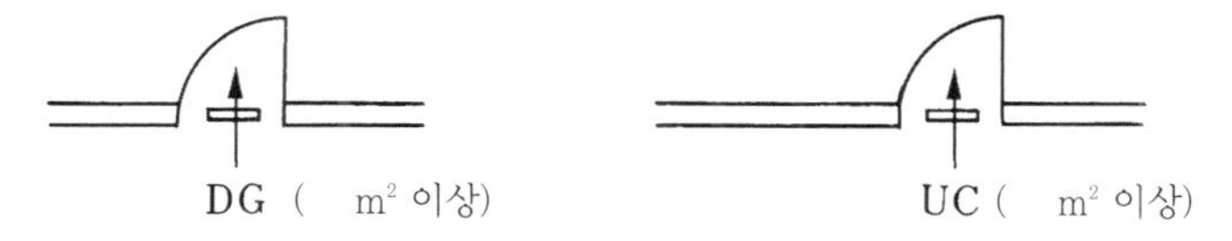

〔7〕 개구부에 대한 배려

덕트·배관 등의 루트를 검토할 때 개구부를 피해야 하는 것은 당연하다. 그러나 놓임새나 볼품 등을 감안하여 부득이 개구부를 통과시킬 때는 나중에 쉽게 철거(설치)할 수 있도록 도면에 **개구부, 플랜지 위치**를 표시한다.

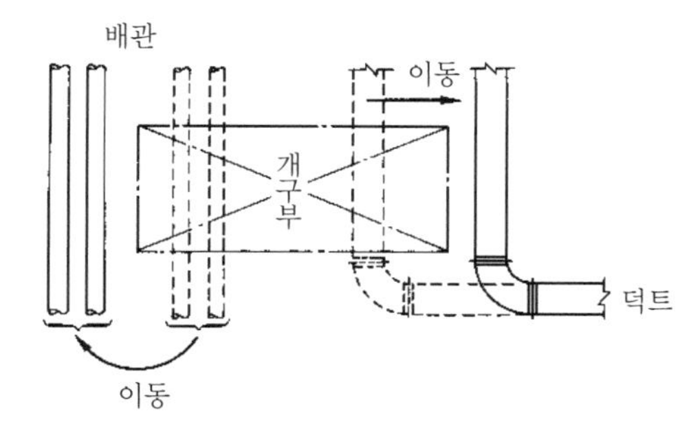

개구부를 사전에 피할 경우

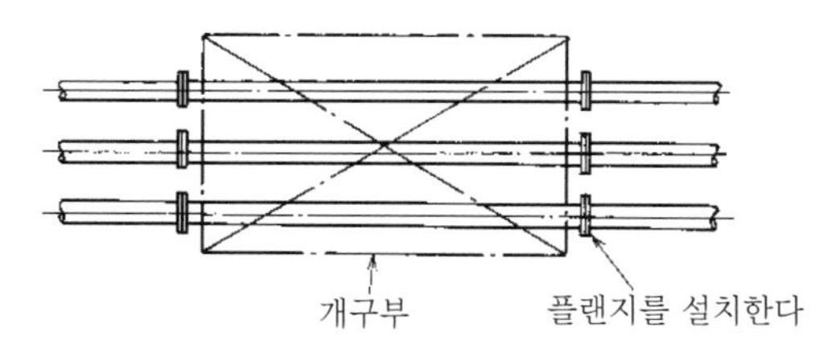

개구부를 통과시킬 경우

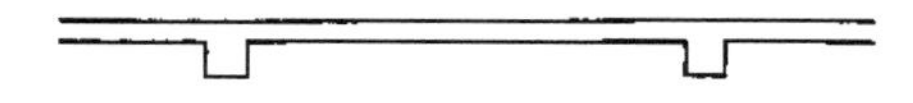

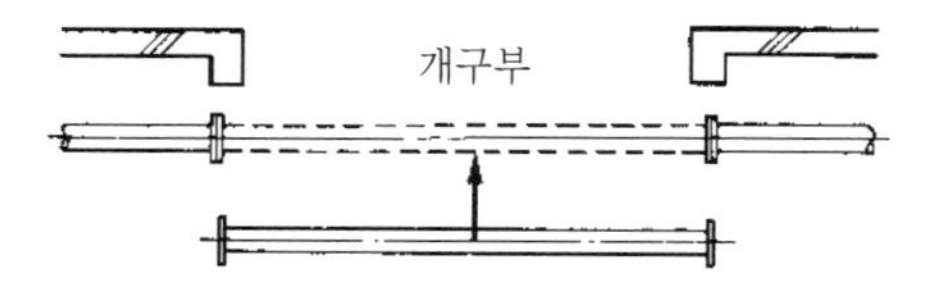

5장 건축 관련 사항

5-1 트레이스상의 주의

(1) 골조도의 트레이스

수작업의 경우 건축업자가 작성한 골조도를 트레이스하여 설비의 건축도로서 사용하고 있다. 골조도 그 자체가 건축을 주체로 만들어졌기 때문에 그대로 옮길 필요는 없다. 설비를 중심으로 한 트레이스, 즉 놓임새를 검토할 수 있는 최소한의 골조가 그려져 있으면 충분하다. 또한 설비의 기능을 충분히 기입할 수 있는 도면 여백의 유무 또한 중요하다.

아래에 골조도 트레이스 시에 필요한 확인사항을 나타낸다.

1	골조의 종류별 표시, 치수의 확인 • 기둥, 보, 바닥, 벽 등의 재질 • 보 높이, 보 폭 및 보 레벨 • 벽 두께, 바닥 두께 및 바닥 레벨
2	천장 높이, 층 높이의 확인
3	개구부 구멍, 수직 구멍 확인
4	문의 개폐 방향이나 방화 셔터의 위치 확인
5	방화 구획, 방연 구획의 확인
6	방수 유무의 확인
7	분할한 평면도를 이어붙인 경우 어긋남이 없는지 확인

한편 이면(裏面) 사용에 의한 뒷면 트레이스가 바람직하다. 이유는 변경이나 정정에 대하여 골조와 설비가 각각 그려져 있어야 수정하기 쉽고 시간도 절약할 수 있기 때문이다. 단, 간단한 도면은 앞면에 모두 그려도 좋다.

(2) 선의 농담 (건축과 설비의 구분)

설비도의 골조를 보는 사람을 생각하지 않고 선이 굵고 진하게 그려져 있는 도면이 있다. 그와 같이 그려진 도면에 설비(덕트나 배관)를 그려넣을 때 골조도보다 더욱 굵고 짙게 그리게 된다. 따라서 중요한 것은 골조도를 트레이싱할 때부터 **연필의 굵기·농도에 주의**해야 한다. 사람에 따라 필압(筆壓)이 다르기 때문에 일률적으로는 말할 수 없지만 연필의 농도 기준은 다음과 같다.

	건축도	덕트, 배관	문자, 숫자
연필의 농도	2H~H	HB, B	HB, B
연필의 굵기	0.3~0.5mm	0.5mm	

5-2 골조도

〔1〕 골조도 읽는 법

건물의 기둥, 다리, 마루, 벽의 형 테두리, 배근 작업에 현장에서 많이 쓰이는 것이 구체도이다. 골조도는 미관상으로 표현되는 것이 일반적이다. 또한, 최하층의 바닥(기계실·피트 등)이나 옥상의 바닥은 바닥 평면도(내려다본 것)로 표현한다.

(주) 올려다 본 그림과 내려다 본 그림의 차이는 오른쪽 그림에 나타낸다.

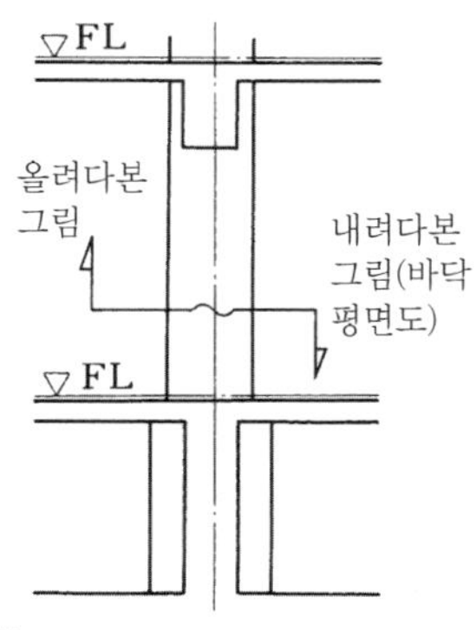

골조도(올려다본 그림) 읽는 법

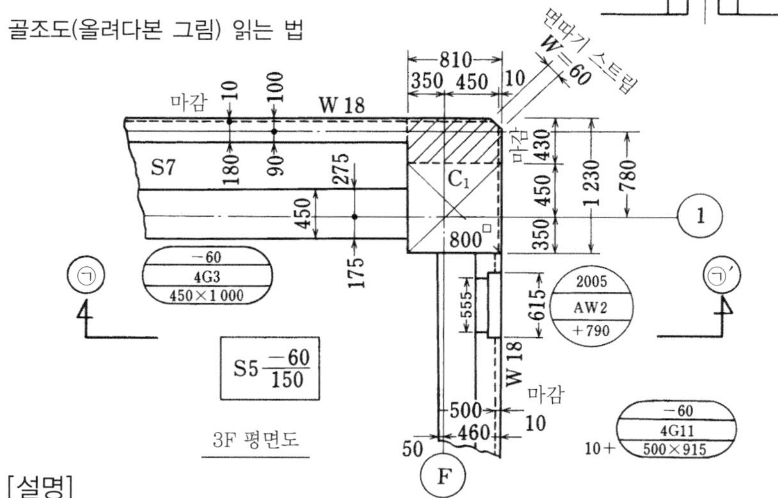

[설명]

1) C1, 4G3, S5, W18은 설계도에 표시된 기둥, 보, 바닥, 벽의 설계 부호를 나타낸다.

$C_1$800□····기둥으로 치수는 800×800을 나타낸다.

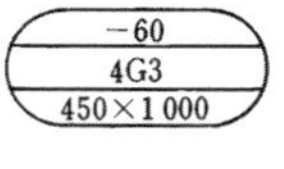

···· 4F 바닥의 큰 보로 폭 450, 두께 1,000이며, 보 윗면의 레벨이 4FL에서 −60 내려와 있는 것을 나타낸다.

S5 −60/150 ···· 슬래브를 뜻하며 두께 150, 슬래브 윗면의 레벨이 4FL에서 −60 내려와 있는 것을 나타낸다.

W18···벽으로 두께 180을 나타낸다.

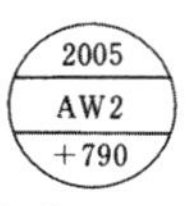

···· 알루미늄제 창문의 개구로 높이는 3FL에서+790 올라간 위치를 하단으로 하고, 거기에서부터 2005의 개구를 나타낸다.

2) 마감 10

구조 설계도에 표시된 소정의 두께로부터 10 크게 한 벽 두께를 나타낸다.

3) 면따기 스트립 *W*=60

면따기 스트립을 대고 60의 폭으로 코너의 모서리를 깎아내는 것을 나타낸다.

바닥 평면도(내려다본 그림)의 실제 예를 다음에 나타낸다.

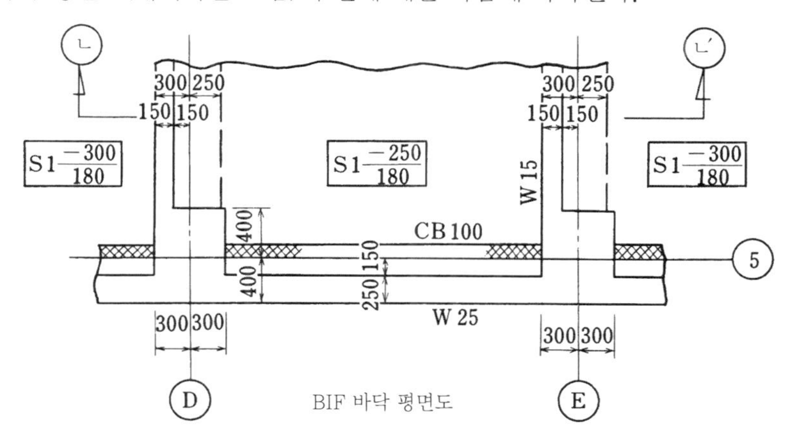

BIF 바닥 평면도

각각의 단면은 아래 도면과 같다.

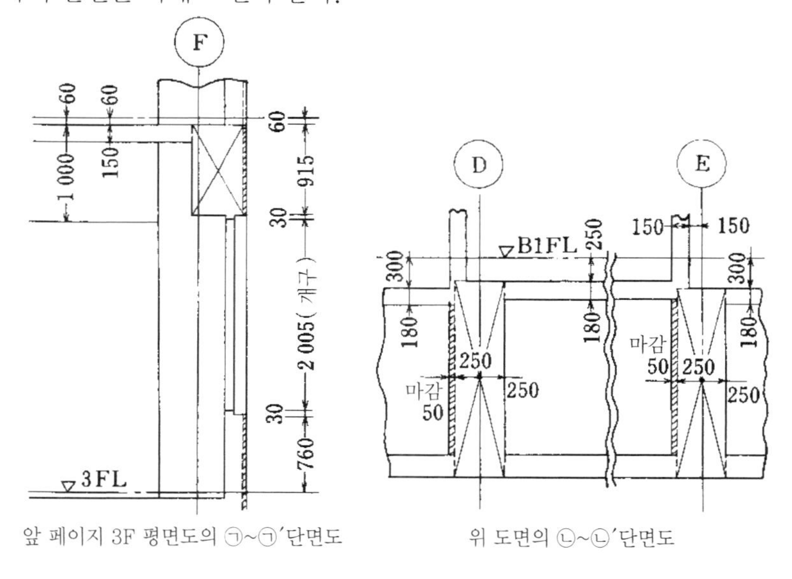

앞 페이지 3F 평면도의 ㉠~㉠′단면도

위 도면의 ㉡~㉡′단면도

〔2〕 골조도 그리는 법

골조의 표시를 다음에 나타낸다.

명칭	도시 방법
기둥 콘크리트 벽	
다리 (올려다봄)	세선
(내려다봄)	파선
콘크리트 블록	또는 a : 400피치
경량 칸막이	
ALC판, PC판	

5-3 방화 구획과 보 관통

(1) 방화 구획의 구분

덕트 등이 방화 구획을 관통하는 경우 관통부의 재질, 방화 댐퍼의 설치 방법, 구멍 매립 방법이 매우 상세하게 법규상으로 규제되어 있다. 이 구획을 도면상에 명확하게 표시하고 현장 작업자에게 주의를 촉구하는 것이 중요하다. **방화 구획**은 1mm 폭 정도의 두껍고 짙은 선을 골조의 중심에 그어 표시한다.

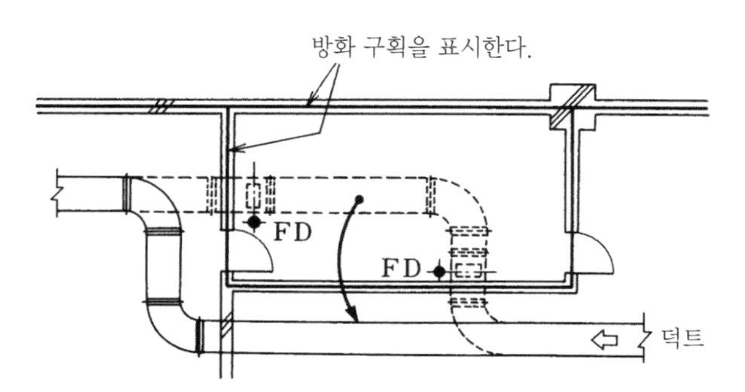

경로를 변경해서 방화 구획의 관통을 피하고 방화 댐퍼(FD)를 생략할 수 있다.

(2) 보 관통 표시

보의 종류에 따라 다음과 같은 표시를 하는 것이 일반적이다.

보의 종류	단면	평면
RC 보 (SRC도 포함)		
SC 보 (슬리브 없음)		
SC 보 (슬리브 있음)		

(3) 보 관통 위치와 크기

보 관통이 가능한 관통 위치, 구멍 지름과 중심 간격을 다음 페이지에 나타낸다. 또한 상세한 내용은 현장마다 승낙을 얻을 필요가 있다.

a) 보 관통 구멍 설치 가능 범위

철근 콘크리트조(RC조), 철골 철근 콘크리트조(SRC조), 철골조(S조) 모두 ▨ 은 관통 구멍 설치 가능 범위를 나타낸다.

(1) 철근 콘크리트조(RC조), 철골 철근 콘크리트조(SRC조)

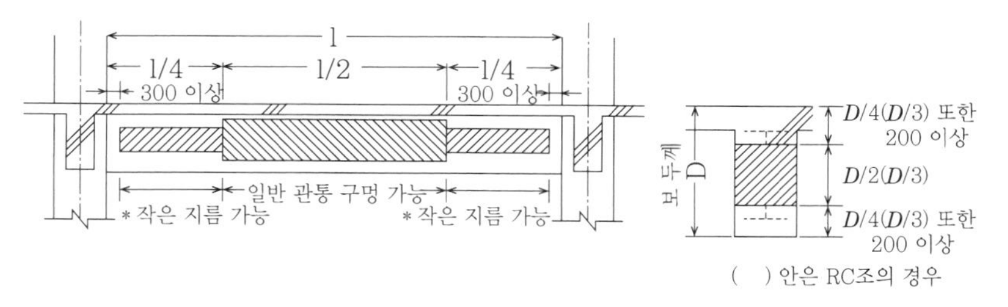

(2) 철골조(S조)

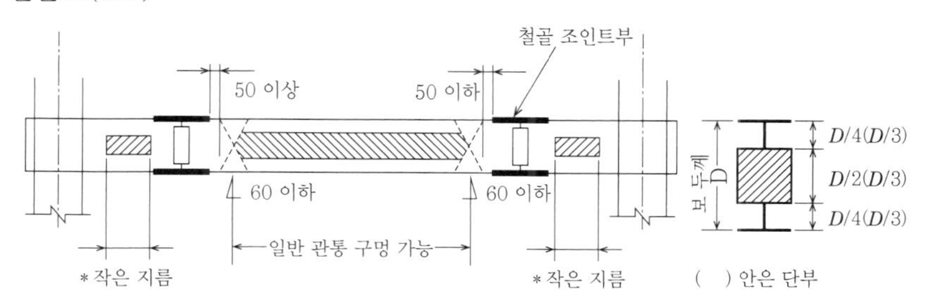

b) 관통 구멍 지름·중심 간격

		최대 구멍 지름(d)	간격(p)	(주) 지름이 다른 경우는 평균값으로 한다.
일반	RC조	$D/3$	$3d$ 이상 또한 구멍과 구멍의 면치수로 300mm 이상 떨어뜨린다.	
	SRC조	$D/2$		
	S조	$D/2$	$2d$ 이상 또한 구멍과 구멍의 면치수로 200mm 이상 떨어뜨린다.	p, d_1, d_2 $d=\frac{d_1+d_2}{2}$
* 작은 지름		D/7 또한 100mm 이하		

(주) 1. 이 표는 기본사항의 참고 예이며 관통 구멍의 위치, 최대 지름, 개수, 보강의 유무 등에 대해서는 구조 설계 도서에 따른다.

2. 공기조화·전기·위생에서 공통의 슬리브도를 작성하고, 건축 담당자·구조 설계자의 승인을 얻어야 한다.

6장 덕트

6-1 확인·주의사항

〔1〕 작도하기 전의 확인·주의사항

덕트 도면 작도 전에 확인·주의할 사항을 다음에 게재한다.

1	부식성 **가스**를 포함하는 공기가 없는지 설계 도서 및 사양서에서 확인한다.
2	옥외 및 습기가 많은 공기를 포함하는 덕트는 **재질**, **접착 방법**, **물빼기** 등을 사전에 검토한다.
3	주방 배기 덕트는 유분 배출, **정기적인 청소**를 하기 쉽도록 루트나 점검구의 위치 등을 생각하여 작도에 임한다.
4	방화 댐퍼는 반드시 **단독으로 지지**를 하고, 설비 점검이 용이한 장소를 검토한다.
5	**거실 내의 노출 덕트**는 사전에 고객, 설계사무소와 협의하여 승낙을 얻는다.

〔2〕 덕트의 판 두께·보강

a) 일반적으로 사용되는 아연 철판제 사각 덕트, 스파이럴 덕트의 판 두께를 다음에 나타낸다.

사각 덕트의 장변 치수와 판 두께[mm] (출처 : SHASE-S010)

판 두께 \ 덕트 종류	저압 덕트 장변 치수	고압1·고압2 덕트 장변 치수(예 : 배연 덕트)
0.5	~450	–
0.6	451~750	–
0.8	751~1,500	~450
1.0	1,501~2,200	451~1,200
1.2	2,201~	1,201~

저압 덕트 : 상용 내압이 +500Pa 이하, −500Pa 이내
고압1 덕트 : 상용 내압이 +501~+1,000Pa, −501~−1,000Pa 이내
고압2 덕트 : 상용 내압이 +1,001~+2,500Pa, −1,001~−2,000Pa 이내
(주) 1. 공판(共板) 덕트 공법은 저압·고압 모두 장변은 2,200mm까지로 한다.
2. 국교성(國交省) 사양에서는 공판 덕트 공법은 저압 덕트의 장변 1,500mm까지로 사용이 제한되어 있다.
3. 주방 배기 덕트는 시조례에서 규정되어 있으므로 확인할 것.

스파이럴 덕트의 내경 치수와 판 두께[mm] (출처 : SHASE-S010)

판 두께 \ 덕트 종류	저압 덕트 장변 치수	고압1·고압2 덕트 장변 치수(예 : 배연 덕트)
0.5	~450ϕ	~200ϕ
0.6	451~710ϕ	201~560ϕ
0.8	711~1,000ϕ	561~800ϕ
1.0	1,001ϕ~	801~1,000ϕ
1.2	–	1,001ϕ~

사각 덕트의 세로 방향 보강[mm]　　(출처 : SHASE-S010)

덕트의 장변	산형강 보강재 최소 치수	보강 위치 (아래 도면)	비고
1,501~2,200	40×40×3	1개소 이상	가로 방향 보강
2,201~	40×40×5(3)	2개소 이상	

(주) 1. (　) 안은 타이 로드를 병용한 경우를 나타낸다.
2. 산형강 보강재는 외측 또는 내측에 설치한다.
3. 장변 451~1,500mm 덕트에는 300mm 이하의 피치로 보강 리브 또는 다이아몬드 브레이크를 넣는다. 단 보온을 하는 덕트 및 주방기기 등의 습기를 포함하는 배기 계통은 제외한다.

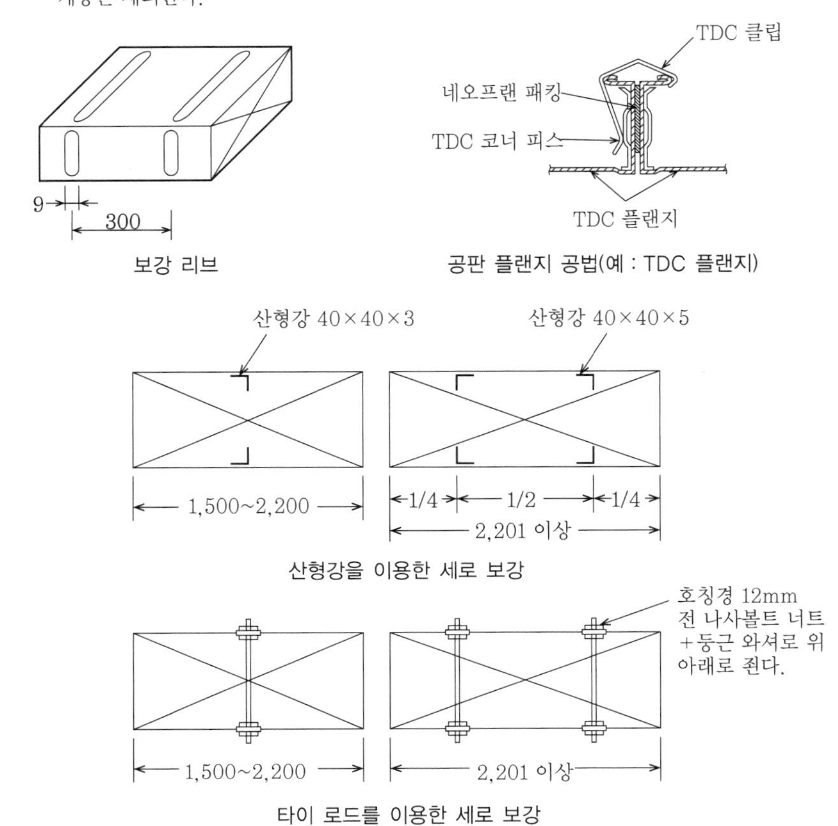

보강 리브

공판 플랜지 공법(예 : TDC 플랜지)

산형강을 이용한 세로 보강

타이 로드를 이용한 세로 보강

〔3〕 덕트의 표준 치수

a) 타이 로드를 이용한 가로 보강

사각 덕트	1,000mm 이상 : 100mm 피치	1,000mm 미만 : 50mm 피치
스파이럴 덕트	400~1,000ϕ : 50mm 피치	375ϕ 이하 : 25mm 피치

b) 사각 덕트 접합용 플랜지의 최대 간격을 다음에 나타낸다.

앵글 플랜지 공법의 접합[mm] (출처 : SHASE-S010)

덕트의 긴변	접합용 플랜지		
	산형강 최소 치수	최대 간격 (저압)	최대 간격 (고압1, 고압2)
~750	25×25×3	3,640	1,820
751~1,500	30×30×3	2,730	1,820
1,501~2,200	40×40×3	1,820	1,820
2,201~	40×40×3	1,820	1,820

공판 플랜지 공법의 접합[mm] (출처 : SHASE-S010)

덕트의 긴변	보강의 종류와 문제			
	덕트 판 두께		최대 간격	최대 간격
	(저압)	(고압1, 고압2)	(저압)	(고압1, 고압2)
~450	0.5	0.8	3,480	2,610
451~751	0.6	1.0	3,840	1,740
751~1,200	0.8	1.0	2,610	1,740
1,201~1,500	0.8	1.2	2,610	1,740
1,501~2,200	1.0	1.2	1,740	1,740

c) 사각 덕트의 횡방향·종방향 보강을 다음에 나타낸다.

저압 덕트의 횡방향 보강[mm] (출처 : SHASE-S010)

덕트의 긴변	보강의 종류와 간격		
	산형강 보강재 최소 치수	최대 간격	
		앵글 플랜지 공법	공판 플랜지 공법
251~750	25×25×3	1,840	1,840
751~1,500	30×30×3	925	925
1,501~2,200	40×40×3	925	925+타이 로드
2,201~	40×40×5(3)	925	

(주) 1. ( ) 안은 타이 로드를 병용한 경우를 나타낸다.
2. 플랜지 접합부는 횡방향의 보강으로 간주한다.

고압1, 고압2 덕트의 횡방향 보강[mm] (출처 : SHASE-S010)

덕트의 긴변	보강의 종류와 간격		
	산형강 보강재 최소 치수	최대 간격	
		앵글 플랜지 공법	공판 플랜지 공법
251~750	25×25×3	925	925
751~1,500	30×30×3	925	925
1,501~2,200	40×40×3	925	925+타이 로드
2,201~	40×40×5(3)	925	

(주) 1. ( ) 안은 타이 로드를 병용한 경우를 나타낸다.
2. 플랜지 접합부는 횡방향의 보강으로 간주한다.

6-2 덕트의 표시

(1) 덕트의 종류

덕트의 종류와 기호를 다음에 나타낸다.

(출전 : SHASE-S001)

종류	기호	표시
공조급기 덕트	— SA —	
공조환기 덕트	— RA —	
공조외기 덕트	— OA —	
공조배기 덕트	— EA —	
환기송기 덕트	— VOA —	
환기배기 덕트	— VEA —	
배연 덕트	— SE —	

도시할 때의 주의사항(각 덕트 공통)

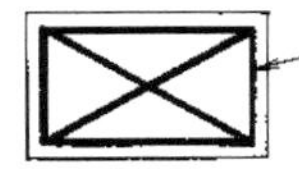

내선을 외선(플랜지선)에 비하여 진하게 기입한다.

배연 덕트의 경우

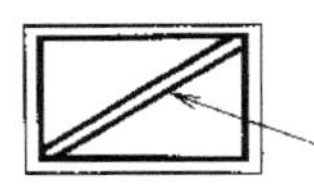

이중선으로 진하게 기입한다.

(2) 계통 명칭의 기입

동일 층에서 분할된 도면이나 상하층에 걸친 덕트의 계통 간 차이에 의한 접속 실수를 방지하기 위하여 도면의 요소에 계통 명칭을 표현하는 데 기기 기호(기기 번호)가 사용된다. 이것은 명칭이 없어도 기기표를 보면 이해할 수 있으므로 시공상 지장 없이 도면을 간략화할 수 있는 장점이 있다.

기기 일람표의 참고 예를 다음에 나타낸다.

기기 일람표

기기 기호	계통 명칭	사양	전원 $\phi \times V$
SF-1	B1층 기계실 계통	SS#$3\frac{1}{2}$×15,000m^3/h×370Pa	3×200
SF-1	B1층 전기실 계통	SS#2×3,000m^3/h×200Pa	3×200
SF-1	주방 냉장고 기계실 계통	SS	

시공도에서는 계통 명칭 대신 기기 기호를 사용한다.

일반적으로 많이 사용되고 있는 기기 기호를 다음에 나타낸다.

기기명	기기 기호
공기조화기	AC
패키지형 공조기	PAC
팬코일 유닛	FCU
송풍기	SF
환풍기	RF
배풍기	EF
배연기	SEF
환기선풍기·천장선풍기	VF

〔3〕 엘보

각 덕트의 엘보 표시 및 곡률 반경을 다음에 나타낸다.

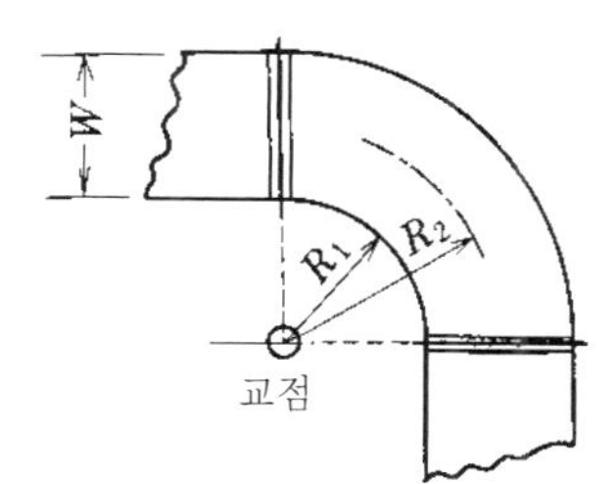

곡률 반경

W[mm]	R_1	R_2
250 이하	W	1.5W
300 이상	$\frac{W}{2}$	W

(주) $\frac{W}{2}$를 취할 수 없는 경우는 내부에 안내날개를 설치한다.

스파이럴 덕트의 엘보에는 프레스 벤드형과 섹션 벤드형 등이 있으며, 치수에 따라 선택, 사용한다.

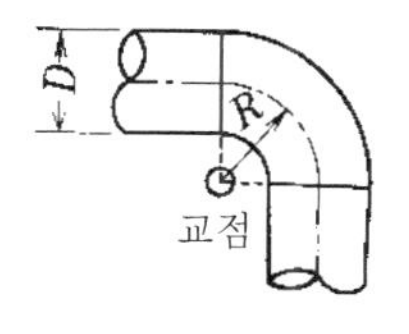

프레스 벤드형

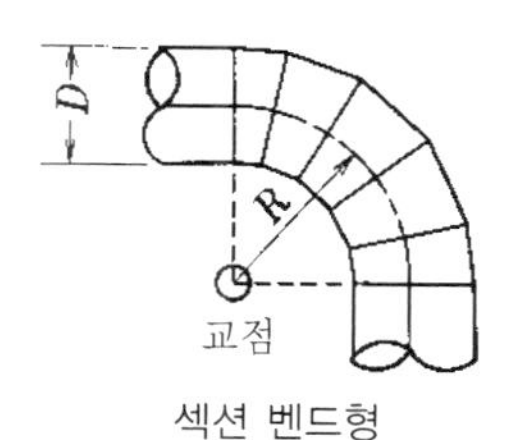

섹션 벤드형

섹션 벤드형은 통칭 '새우형'이라고도 불린다

표시는 프레스 벤드형과 동일해도 좋다.

곡률 반경

종류	사용 치수[mm]	R	비고
프레스 벤드형	75~150ϕ	1.0D	
섹션 벤드형	175~1,000ϕ	1.0D	R이 1.5D인 제품도 있다

〔4〕 플랜지 및 보강

접속 플랜지 및 보강 앵글의 표시를 다음에 나타낸다.

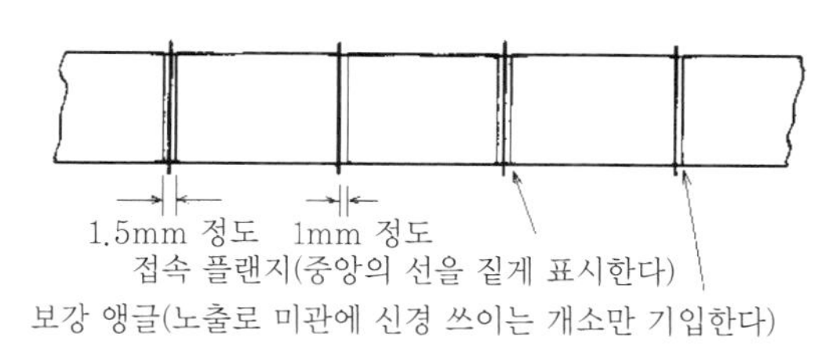

〈비고〉 플랜지 이음과 산형강 보강을 다음에 나타낸다.

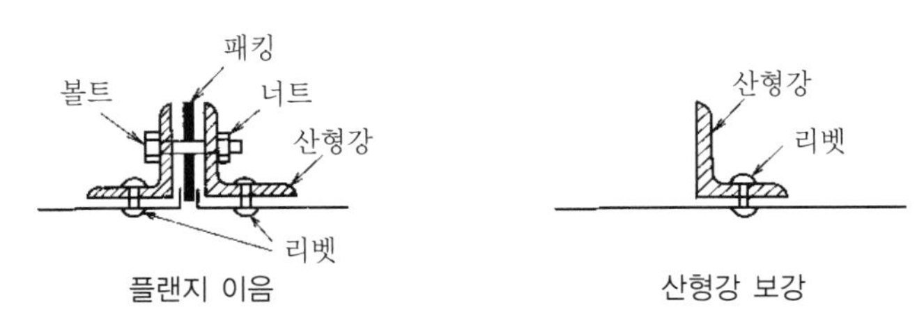

(5) 수평 덕트의 올림·내림

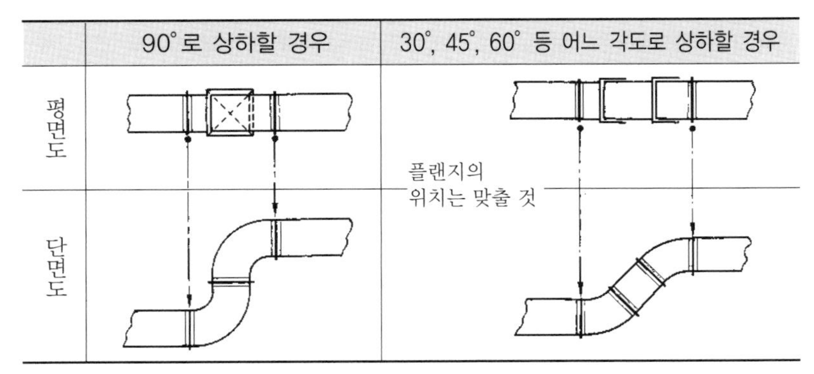

(주) 변칙 강도의 덕트는 상하관계를 이해하기 쉽게 최대한 단면도를 그릴 것.

(6) 수직 덕트의 올림·내림

덕트의 올림, 내림의 표시를 다음에 나타낸다.

a) 일반적 올림, 내림의 경우

	통과의 경우	올림의 경우	내림으로 치수 변경이 있는 경우
평면도	60°	60°	60° 변경 후의 치수 $a\times b$
단면도	FL FL	FL FL	FL $a\times b$ FL

b) 달아내기를 한 경우

	도중 직접 부착에 의한 달아내기의 경우	2방향 직접 부착에 의한 달아내기의 경우	
		수직 올림	수직 내림
평면도			
단면도	FL FL	FL 폐지 플랜지 FL	폐지 플랜지 FL FL

〔7〕 확대·축소

각 덕트의 확대 축소 표시를 다음에 나타낸다.

a) 편측 호퍼의 풍향과 각도

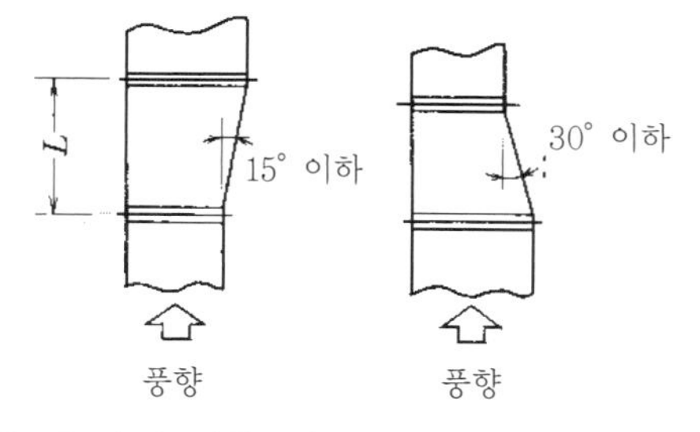

*L*은 표준 600mm로 한다. 단, 600mm에서 15°(30°)를 유지하지 않는 경우 900mm로 한다.

b) 편측 호퍼의 사용 예

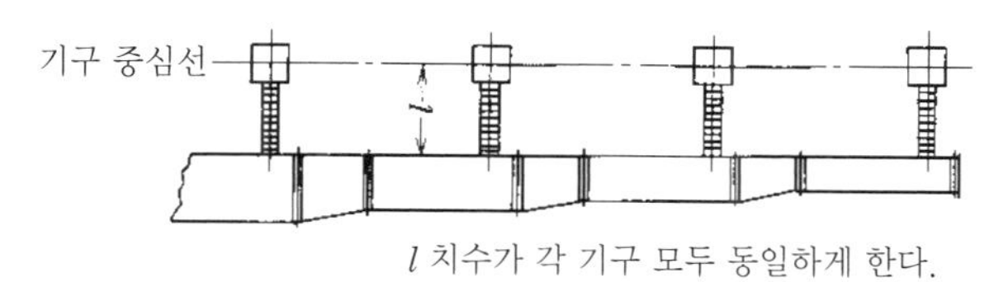

l 치수가 각 기구 모두 동일하게 한다.

c) 양측 호퍼의 풍향과 각도

큰 방, 주차장 등에서 기구 중심을 통과할 필요가 있는 경우는 양측 호퍼를 사용한다.

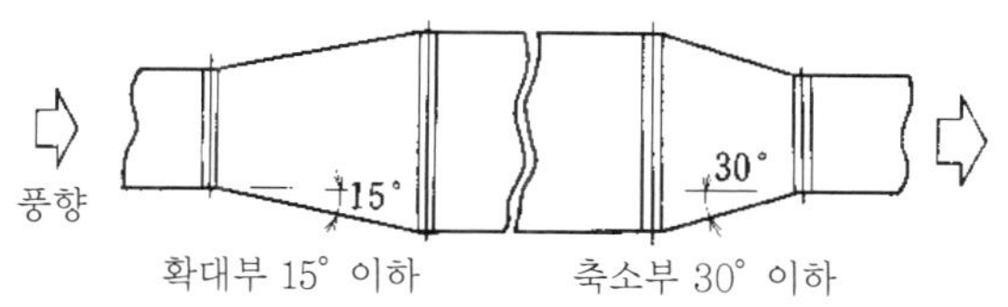

d) 양측 호퍼의 사용 예

e) 코일이나 필터를 조립하여 넣을 경우는 아래 그림과 같다.

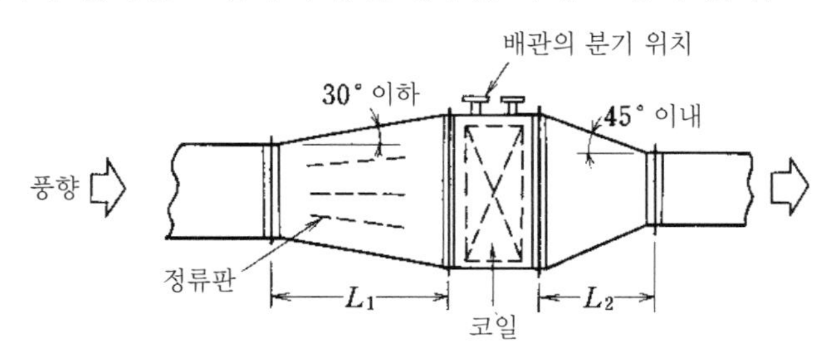

(주) 1. 위 그림은 **최대 각도**를 나타내고 있으며 이것을 유지하지 못하는 경우는 코일 바로 앞에 정류판을 설치한다.
2. L_1, L_2의 최저 치수는 600mm이고, 위 그림의 각도를 지키는 것으로 한다.

〔8〕 사각/환형의 변형

사각 덕트↔환형 덕트로 변형하는 경우의 표시를 다음에 나타낸다.

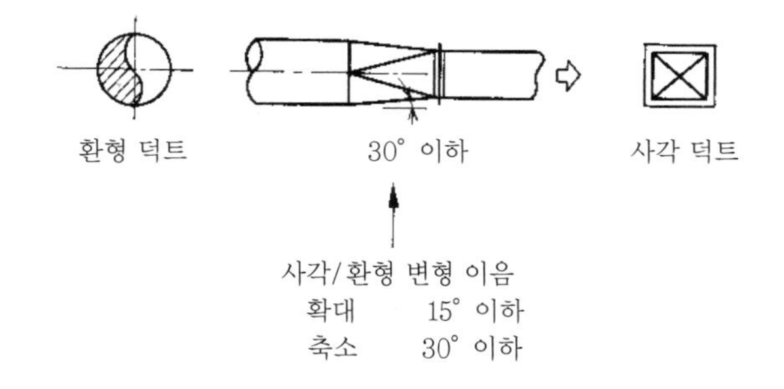

(9) 엘보의 치수 변경

엘보 부분에서 치수를 변경할 때는 다음과 같이 표시한다. 또한 변형 엘보의 가공에서 **5매 이상**은 기술적으로 어려우므로 무턱대고 작도해서는 안 된다.

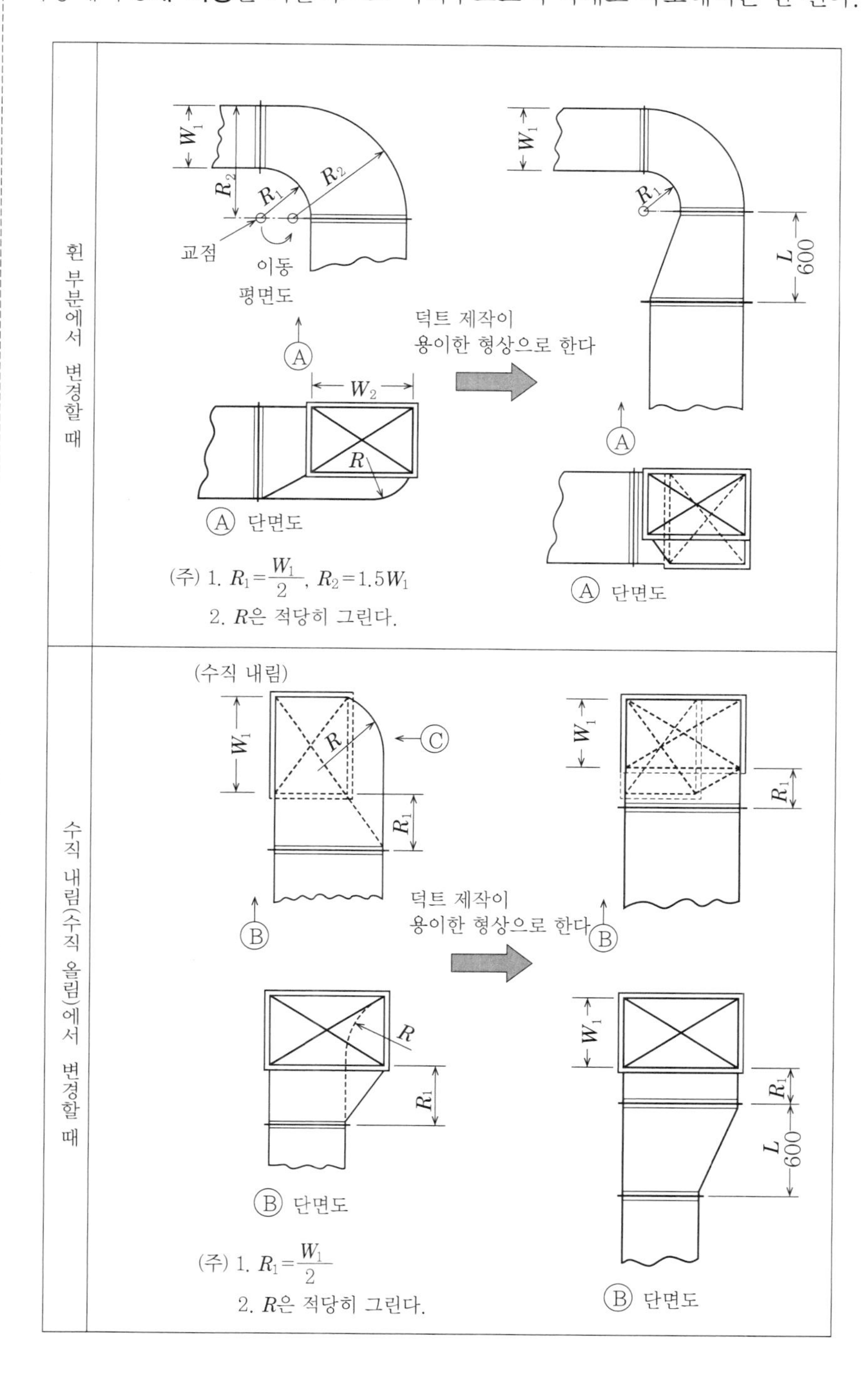

〔10〕 특수 덕트

a) 염화비닐제, 염화비닐라이닝제 덕트, 스테인리스제 덕트, 유리섬유제 덕트

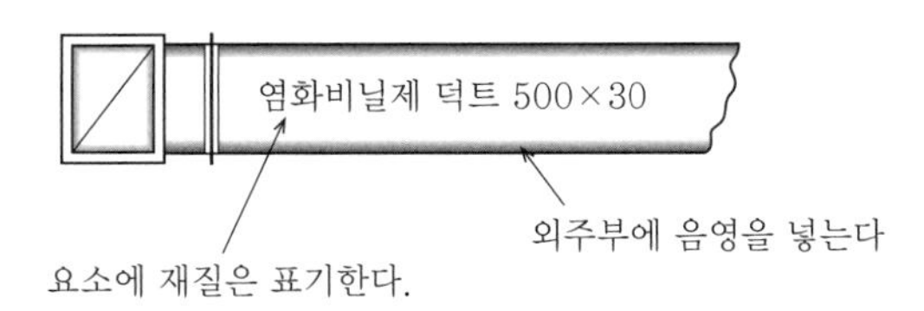

b) 덕트 위에 모르타르 도포(방수 구획이 변경된 경우 등)

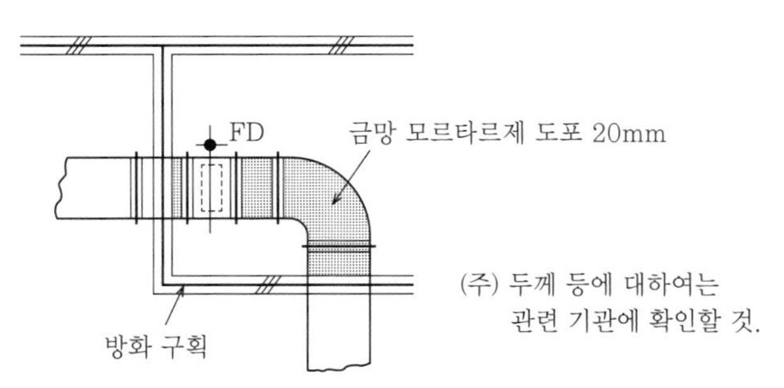

* 원칙은 1.6mm 덕트로 시공한다.

c) 덕트 위에 납 접착(뢴트겐실, 음차단실 등)

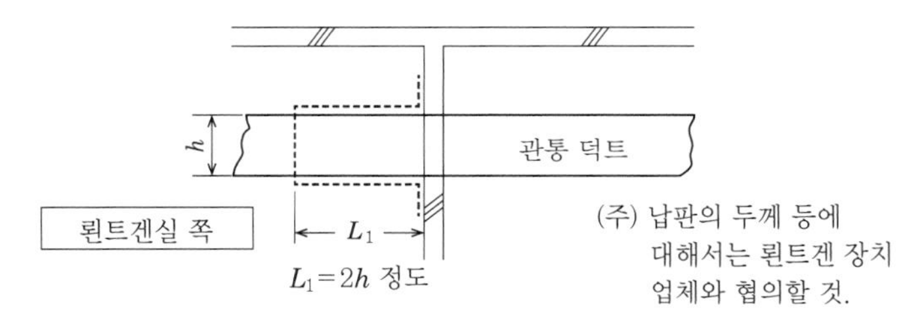

〔11〕 크로스 토크 방지

크로스 토크란 공조 덕트 등을 통하여 다른 방의 말소리(소음 등)가 전달되는 것. 특히 호텔, 회의실 등에서는 소음장치를 설치하거나 덕트 루트를 고려한 방지책을 강구해 둘 필요가 있다.

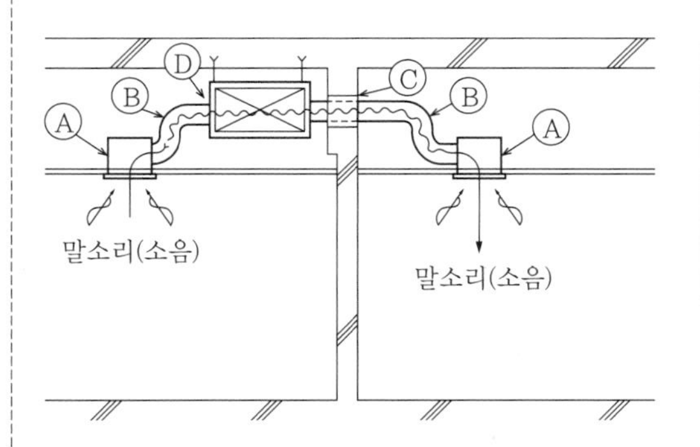

부위	방지책
Ⓐ	소음 박스로 한다.
Ⓑ	소음 엘보를 부착
Ⓒ	관통부 납 접착
Ⓓ	취출 위치를 평면적으로 해 겹치지 않게 한다

6-3 분기 방법과 사용 조건

대표적인 사각 덕트 분기에는 끼워넣기에 의한 분기와 직접 붙이에 의한 분기의 2가지 방법이 있다. 또한 특수한 경우 챔버를 이용해서 분기하는 방법도 있다.

(1) 끼워넣기에 의한 분기

송기 주관의 풍속이 8m/s 이상인 분기에 사용된다. 또한 환기, 배기에서 직접 붙이에 의한 분기 이외의 경우, 또한 $A_1 \geqq 600$mm, L_1, L_2 모두 150mm 이상의 조건에서 사용한다.

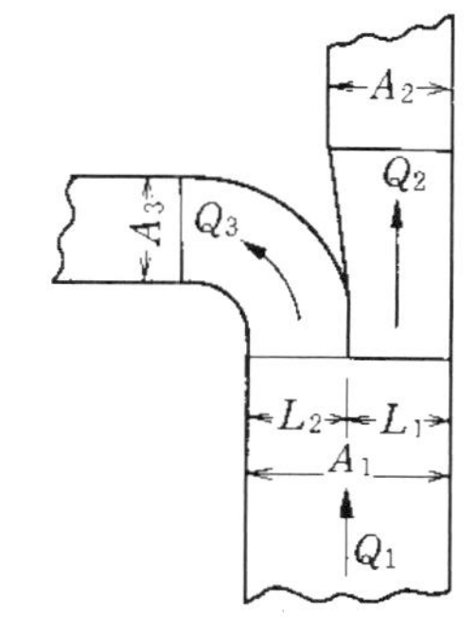

끼워넣기 치수 L_1, L_2의 결정 방법

덕트 폭 A_1을 각 분기에 흐르는 풍량 Q_2, Q_3의 비로 분할한다. 예를 들면 $Q_1 = 5,000[m^3/h]$, $Q_2 = 3,000[m^3/h]$, $Q_3 = 2,000[m^3/h]$로 분할할 때 $A_1 = 1,000$[mm]로 하면 L_1, L_2는 각 분기의 풍량비로부터 $L_1 = 600$[mm], $L_2 = 400$[mm]가 된다.

(2) 직접 붙이기에 의한 분기

환기 덕트, 배기 덕트의 분기(합류)와 송기 덕트의 분기(분류)에 사용된다. 단, 이하의 조건에서 사용한다.

a) 환기 덕트, 배기 덕트

$v_2 = 6[m/s]$ 미만이고

$$\frac{Q_3}{Q_2} = 0.5 \text{ 이하일 때}$$

$v_2 = 6[m/s]$ 이상이고

$$\frac{Q_3}{Q_2} = 0.3 \text{ 이하일 때}$$

b) 송기 덕트

$v_2 = 8[m/s]$ 미만이고

$$\frac{Q_3}{Q_1} = 0.5 \text{ 이하일 때}$$

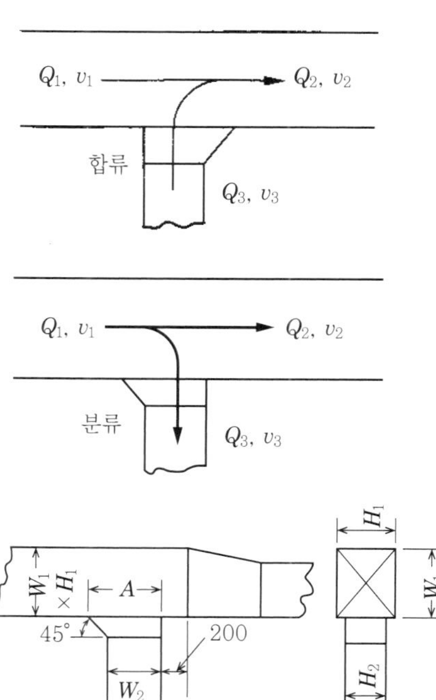

c) 달아내기 덕트의 최저 치수

달아내기 덕트의 최저 치수

W_2	H_2	A
~750	$H_1 - 50$	$W_2 + 150$
800 이상	$H_1 - 100$	

〔3〕 챔버에 의한 분기

분기가 두 방향 이상 또한 장애 등으로 끼워넣기에 의한 분기를 할 수 없는 경우에 사용한다. 단, **챔버 입구 풍속은 7m/s 이내**로 한다.

최근 기계실이 좁다거나 덕트공의 기능 저하를 이유로 챔버 분기로 하는 예가 많은데, 저항이 증가하므로 조건을 부가할 필요가 있다.

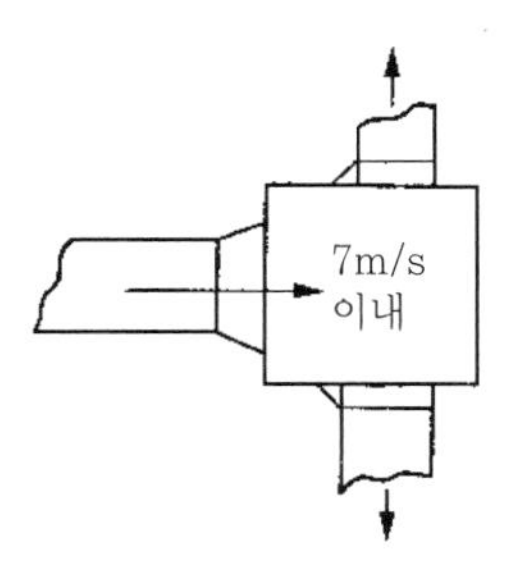

(주) 상기 〔1〕, 〔2〕, 〔3〕의 각 조건값은 **경험적으로 정한 기준**이다. 이 수치를 초과하면 저항이 급증하므로 주의해야 한다.

〔4〕 환형 덕트의 분기

환형 덕트의 분기에는 T관 이음에 의한 분기와 주관에 구멍을 뚫어 용접으로 달아내는 방법이 있다. 최근에는 후자의 공법이 많이 이용되고 있다.

제조사에 따라 약간씩 차이는 있지만 표준적인 치수는 다음과 같다.

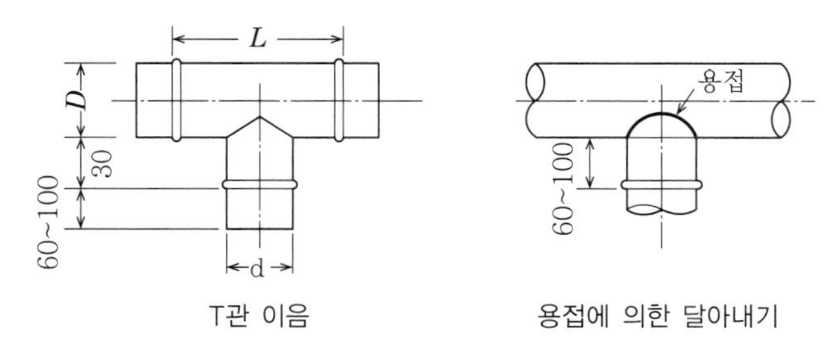

T관 이음 용접에 의한 달아내기

T관 이음의 L 치수는 달아낸 지름(d)에 60mm를 더한 값이 된다.

예를 들면 D=200[mmϕ], d=150[mmϕ] ⇒ L=210[mmϕ]

6-4 댐퍼 등의 표시

(1) 댐퍼류

a) 댐퍼류의 종별 기호와 표시 기호

댐퍼류의 종별명	종별 기호	표시 기호	
		단선	복선
풍량 조절 댐퍼	VD	VD	VD
방화 댐퍼(공조 환기)	FD	FD HFD	FD HFD
방화 댐퍼(배연)	HFD		
모터 댐퍼	MD	MD	MD
피스톤 댐퍼	PD	PD PFD	PD PFD
피스톤 방화 겸용 댐퍼	PFD		
방연 댐퍼	SD	SD SFD	SD SFD
방연 방화 겸용 댐퍼	SFD		
역류 방지 댐퍼	CD	▷ CD	▷ CD
정풍량 장치	CAV	CAV	CAV
가변풍량 장치	VAV	VAV	VAV

(주) 1. 조작부의 위치를 반드시 명기한다.
2. CD는 바람의 흐름 방향을 ▷ 표시로 명기한다.
3. 방화 댐퍼의 온도 퓨즈 용해 온도는 일반용 72℃, 주방 배기용 120℃, 배연용 280℃로 한다.
4. FVD 등의 풍량 조정 기구붙이 방화 댐퍼는 2014년 6월로 제조 판매되고 있지 않다.

b) 댐퍼의 L치수

댐퍼의 표준 L치수를 다음에 나타낸다(작도 전에 채용 업체에 확인한다).

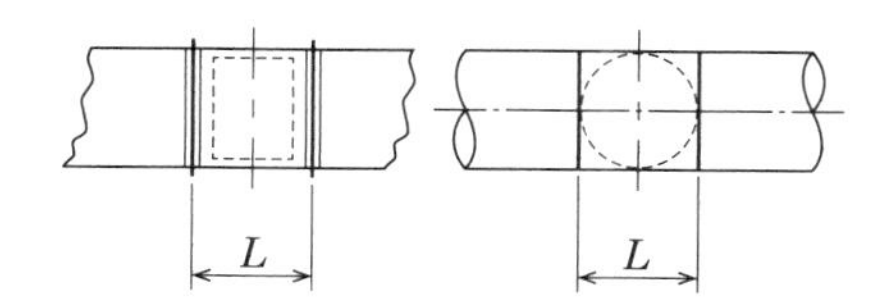

댐퍼 종별	L치수[mm]
사각 VD·MD·CD	200
환형 VD·MD·CD	250~350
사각 FD·PFD·SFD	350
환형 FD·PFD·SFD	300~350

〔2〕 캔버스 이음

송풍기, 공조기 등 진동하는 기기의 접속부에 사용한다. L치수가 너무 길면 미관상 좋지 않고 너무 짧으면 캔버스의 역할을 하지 못한다.

캔버스 커플링의 표시를 다음에 나타낸다.

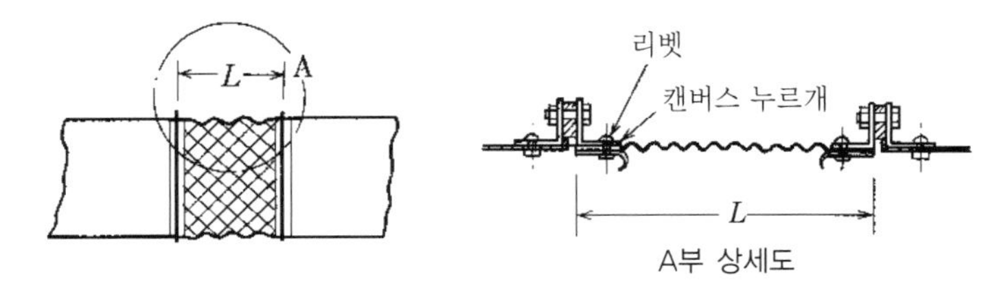

송풍기에 접속할 때 캔버스 이음의 설치 길이(L) [mm]

다익(다날개)형 번수	~#3	#3$\frac{1}{2}$~#5$\frac{1}{2}$	#6~
축류형 구경	~450	500~800	850~
설치 길이 L [mm]	200	250	300

〈참고〉 다익형 송풍기의 캔버스 이음의 설치 예를 다음에 나타낸다.

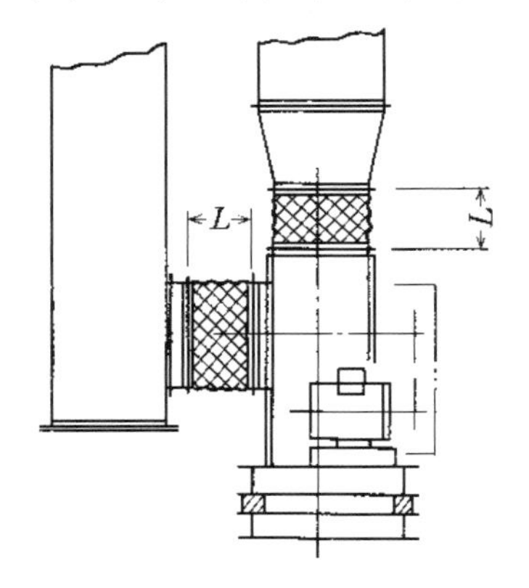

토출 측, 흡출 측 모두 L치수는 동일하다. 또한 흡입 측은 단면적 확보를 위해 피아노선이 들어 있는 것으로 한다.

〔3〕 플렉시블 덕트

흡축구, 흡출구의 위치 어긋남을 교정하거나 환형 덕트의 접속 어긋남을 수정하는 데 사용한다.

플렉시블 덕트의 표시를 다음에 나타낸다.

a) 유리솜붙이 플렉시블 덕트

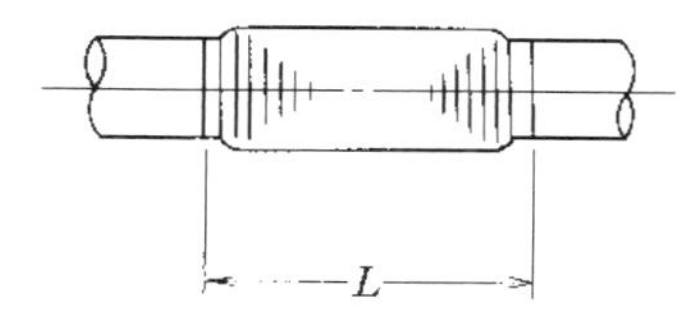

*L*치수는 공장 가공이고, 1,000~1,500mm를 표준으로 한다.

b) 알루미늄 및 아연철판 플렉시블 덕트

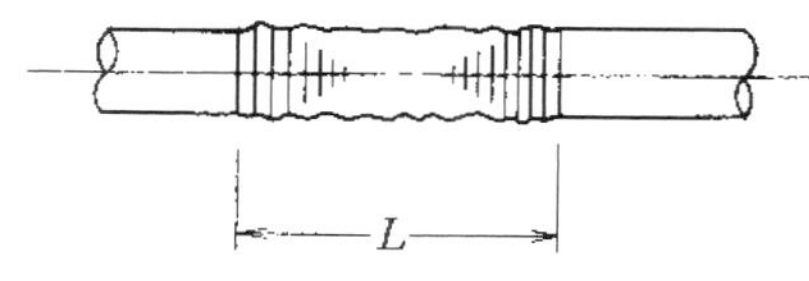

*L*치수는 현장에서 임의로 가공할 수 있으나, 1,500mm 이하로 사용한다.

(주) 유효 단면을 손상시키지 않도록 설치한다.

〔4〕 안쪽 붙이기·소음

재료 및 두께를 명기하고 사선으로 표시한다.

재료 : 유리솜(GW)과 표면의 부착 방법을 명기

두께 : 25mm와 50mm의 구별

밀도 : 사양서 시공요령서에서 정하고, 도면에는 표시하지 않는다.

a) 엘보의 경우

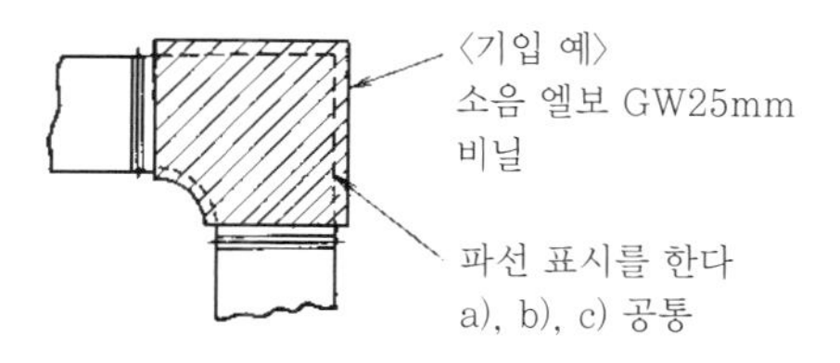

b) 챔버, 박스의 경우

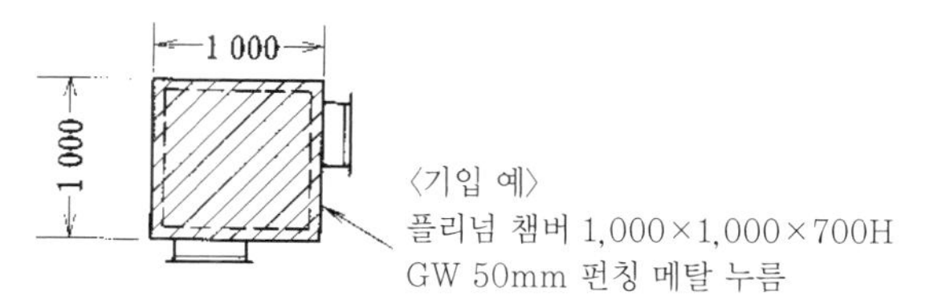

c) 덕트 직선관 부분의 경우

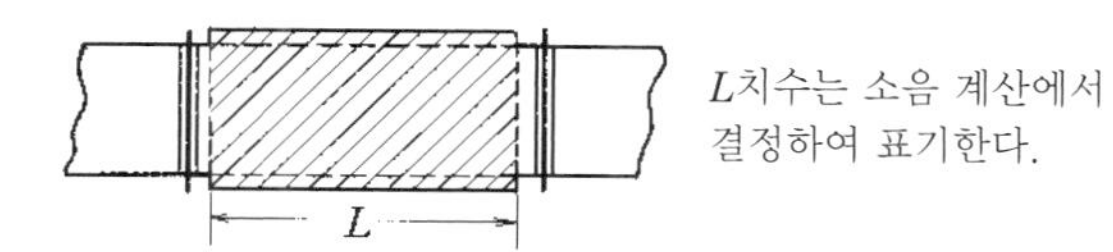

*L*치수는 소음 계산에서 결정하여 표기한다.

〔5〕 가이드 베인

직각 엘보나 정류가 필요한 개소에 사용한다. 표시 예를 다음에 나타낸다.

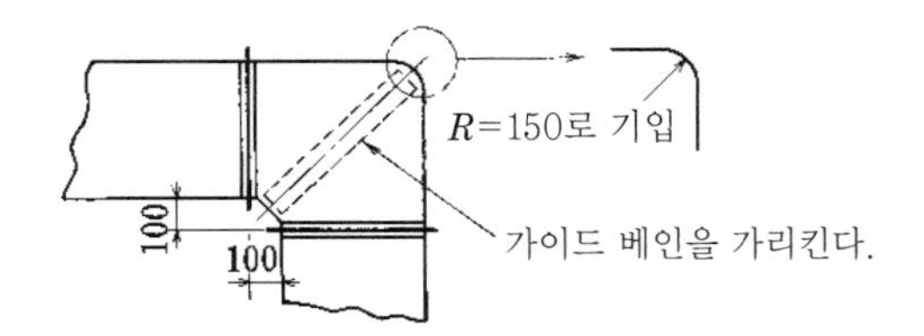

〈참고〉

a) 가이드 베인의 형상

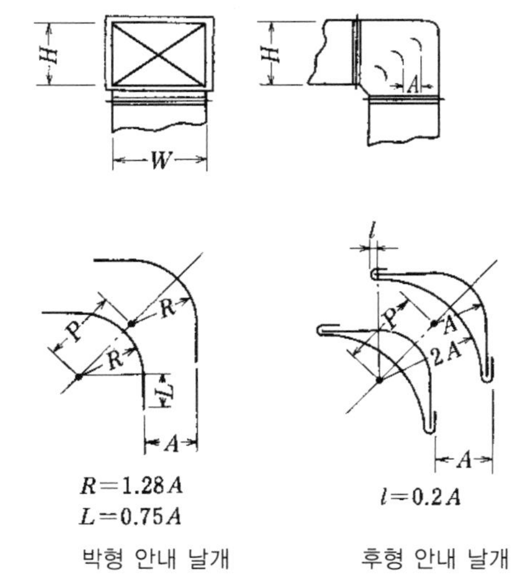

날개 매수	$N=6\frac{H}{W}-1$
날개 간격	$A=\frac{H}{N+1}$
날개 피치	$P=1.41A$

(주) A의 최저 치수는 150mm로 한다.
성형품은 날개 간격 피치가 정해져 있으므로 계산할 필요가 없다. 단, 배연 덕트에는 강도가 있는 안내 날개를 사용한다.

b) 계산 예

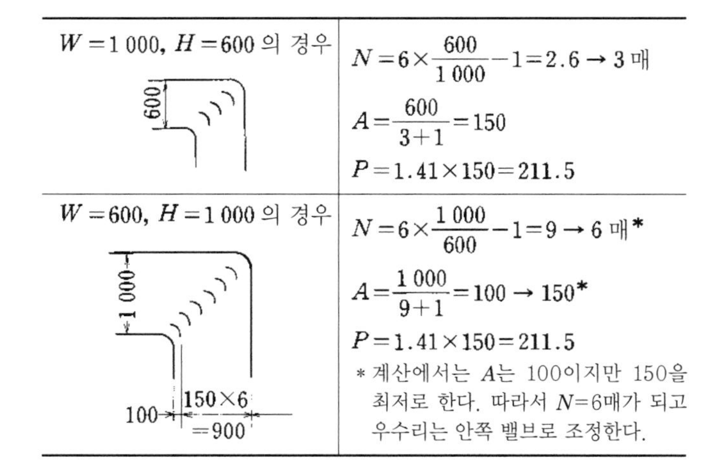

$W=1\,000$, $H=600$ 의 경우 (600)	$N=6\times\frac{600}{1\,000}-1=2.6\rightarrow 3$ 매 $A=\frac{600}{3+1}=150$ $P=1.41\times150=211.5$
$W=600$, $H=1\,000$ 의 경우 (1 000, 100, 150×6 =900)	$N=6\times\frac{1\,000}{600}-1=9\rightarrow 6$ 매* $A=\frac{1\,000}{9+1}=100\rightarrow 150$* $P=1.41\times150=211.5$ * 계산에서는 A는 100이지만 150을 최저로 한다. 따라서 N=6매가 되고 우수리는 안쪽 밸브로 조정한다.

〔6〕 세로 방향 덕트의 댐퍼

세로 방향 덕트의 도중에 설치하는 댐퍼의 표시를 다음에 나타낸다.

a) 바닥 위에 댐퍼가 있는 경우

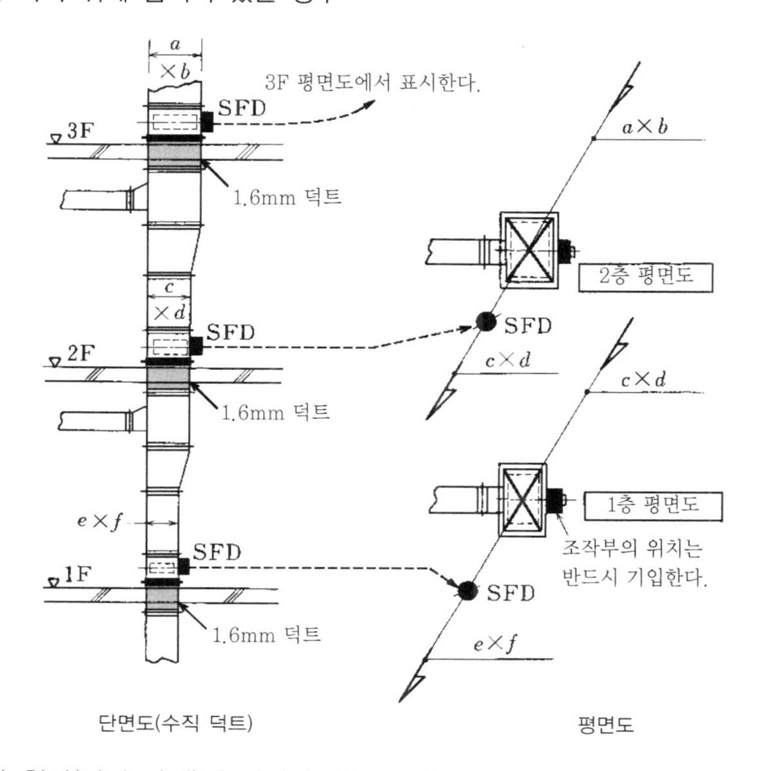

b) 천장(바닥 아래)에 댐퍼가 있는 경우

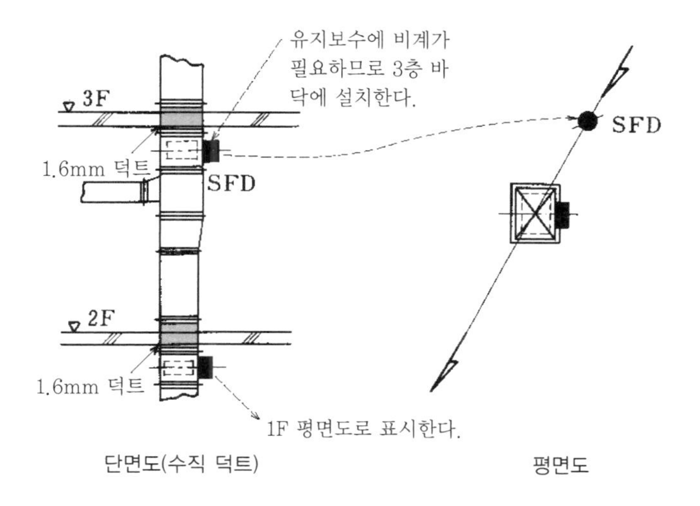

6-5 댐퍼의 설치

〔1〕 방화 댐퍼의 지지

방화 댐퍼의 벽 통과 부분에는 접속용 방화 덕트의 단관을 설치한다. 또한 댐퍼 본체는 **화재 시의 탈락**을 방지하기 위하여 **골조에서 지지**를 한다.

a) 벽을 통과하는 경우

골조에서 지지하는 댐퍼

- 방화 댐퍼(FD, HFD)
- 방연 댐퍼(SD, SFD)
- 피스톤 댐퍼(PD, PFD)
- 배연 댐퍼(SED, SEHFD)

각 댐퍼는 4점 매달기
(긴 변이 300mm 이하는 2점 매달기)
환형 댐퍼는 2점 매닮
(안지름 300mm 이상은 4점 매달기)

매닮 쇠붙이를 너트로 상하로 죄어 체결한다.

모르타르 또는 록울 단열재로 구멍 메우기

1.6mm 단관

350 50 50

(최저) (최저)

검사구

시공도에서는 1.6mm 단관에 음영을 넣는다.

(주) 검사구 설치 위치는 점검이 필요한 작동기 측을 표준으로 한다.

b) 바닥(마루)을 통과하는 경우

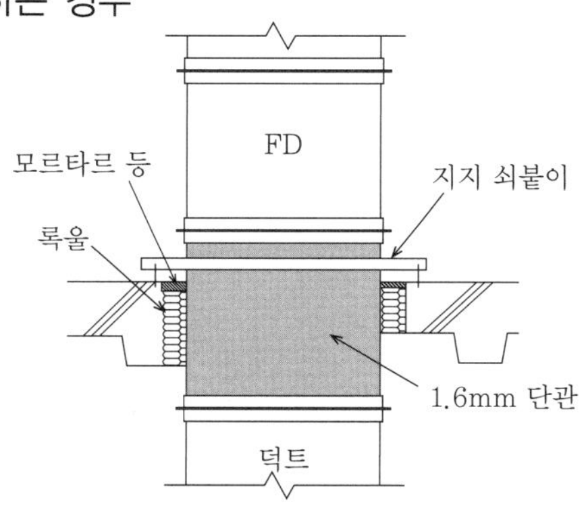

〔2〕 댐퍼의 보수 공간

방화 댐퍼 퓨즈 홀더의 인발·검사구에서 확인하는 데 필요한 공간을 다음에 나타낸다.

a) 댐퍼 퓨즈 홀더의 빼기 스페이스 b) 방화 댐퍼 간 간격

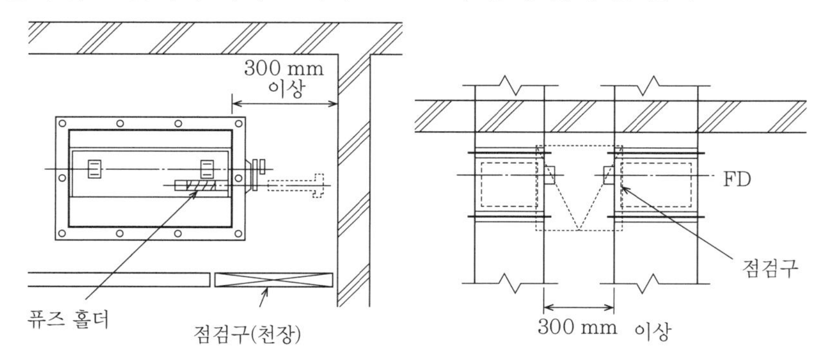

6-6 덕트 치수 기입 방법

〔1〕 가로 방향 덕트

가로 방향 덕트의 치수 표시를 다음에 나타낸다.

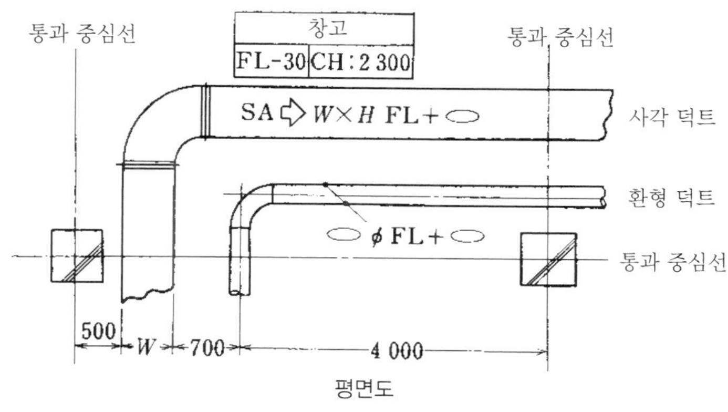

평면도

기입상의 요점

(1) 근접 치수의 표시는 사각 덕트의 경우는 덕트면에서, 환형 덕트의 경우는 덕트 중심선에서 기입한다.

(2) 유체의 기호(SA나 ⇨)는 알기 쉬운 곳에 기입한다.

(3) 사각 덕트 치수를 보이는 쪽의 치수를 먼저 기입한다. 따라서 평면도에서는 모두 $W \times H$이지만, 단면도에서는 H가 먼저인 경우가 있고, 그때는 $H \times W$로 표시한다.

(4) 높이 치수의 표시는 FL로부터의 높이를 사각 덕트인 경우는 덕트 하단에서, 환형 덕트의 경우는 덕트 중심에서 기입한다.

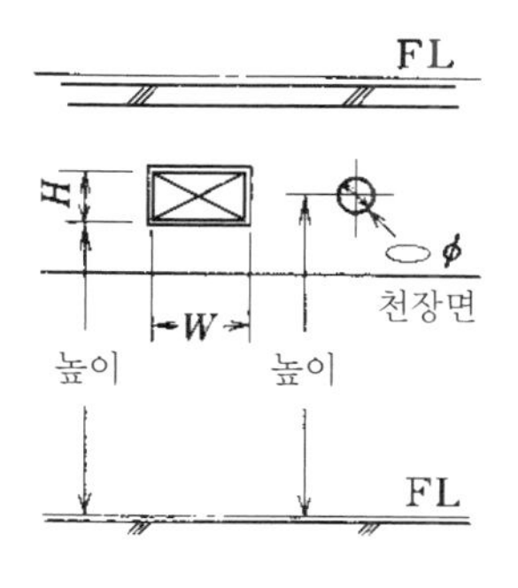

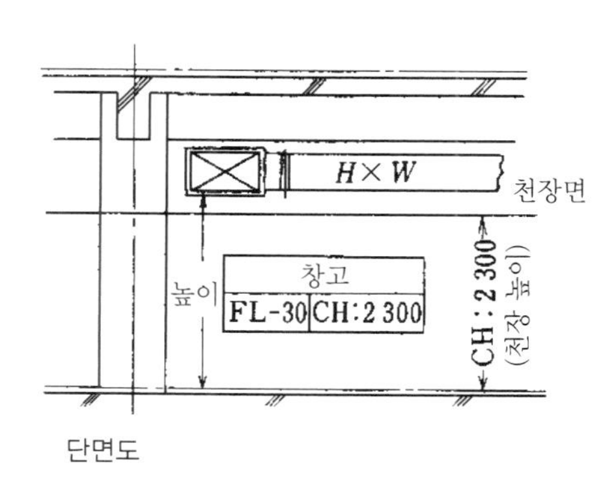

단면도

〔2〕 수직 덕트

수직 덕트의 치수는 다음과 같이 표시한다.

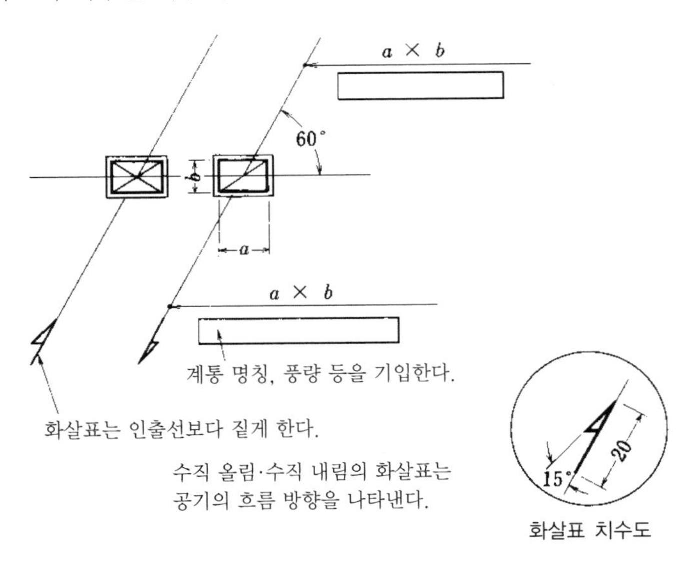

화살표 치수도

치수 기입 예를 다음에 나타낸다.

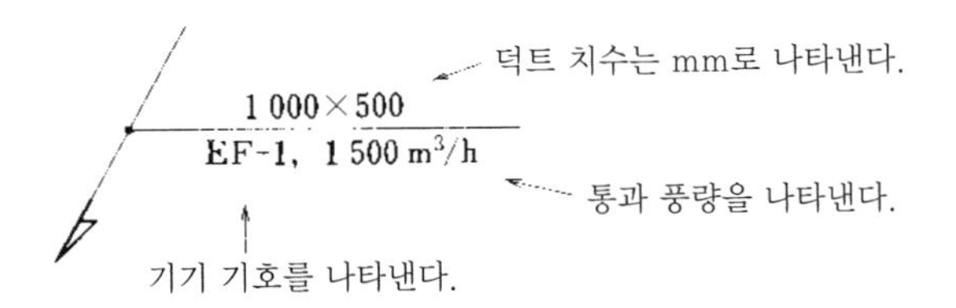

(주) 원칙적으로 달아내기가 없고 치수의 변화가 없는 경우는, 인출선에 의한 치수 기입은 수직 올림 측만 기입한다. 또 샤프트나 기계실 등에서 덕트가 여러 개 수직 올림의 경우는 여백을 이용하여 표시한다.

6-7 분출구·흡입구

〔1〕 기구의 표시

시공도 및 천장 평면도에 기입하는 기구의 표시는 다음과 같다.

시공도	천장 평면도
a) 아네모형 아네모의 외형선은 기입하지 않는다.	⌀ 천장 개구 치수를 기입한다.
b) 각형 SA　OA, VOA RA, EA, VEA	× 천장 개구 치수를 기입한다. ×

〔2〕 공기의 흐름 기호

공기의 흐름을 나타내는 기호를 다음에 나타낸다.

a) 분출 기호

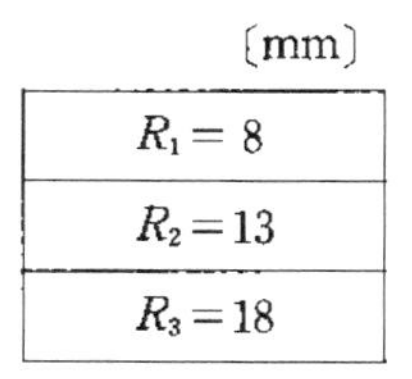

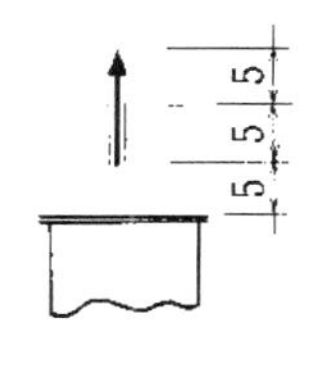

〔mm〕

$R_1 = 8$
$R_2 = 13$
$R_3 = 18$

(주) 축척 1/50인 시공도의 경우

b) 흡입 기호

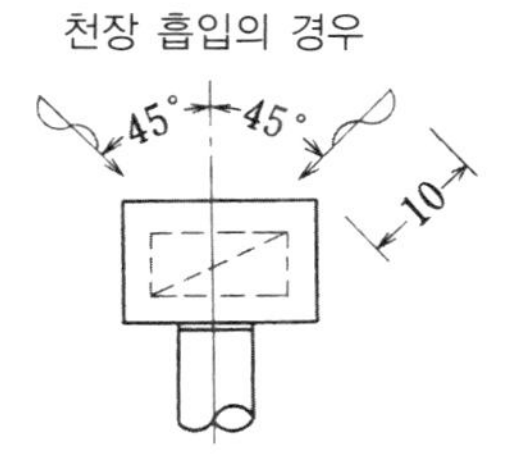

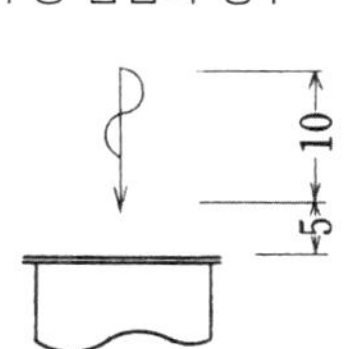

c) 루버

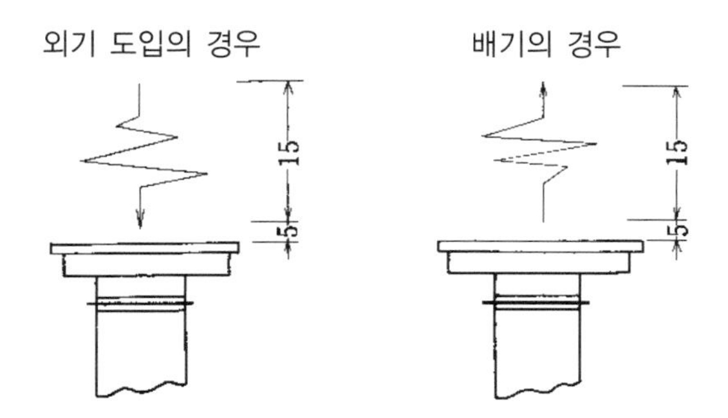

〔3〕 벽면 설치 분출구

내림 천장 및 벽면에 설치하는 분출구는 **천장면의 오염 방지**를 위해 아래 그림과 같이 100mm 이상 떨어뜨릴 것.

a) 내림 천장에 설치한 분출구

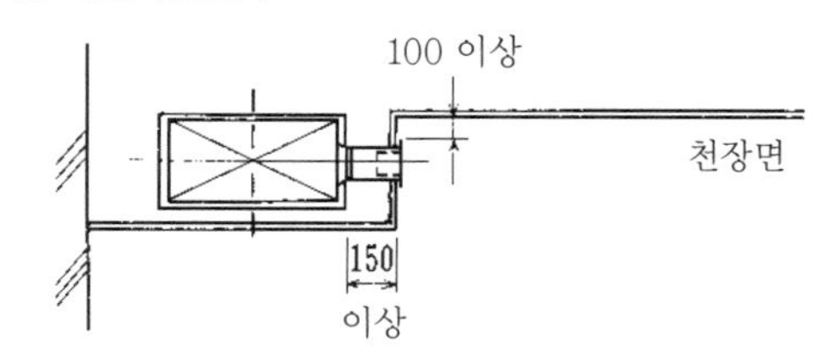

b) 벽면에 설치된 분출구

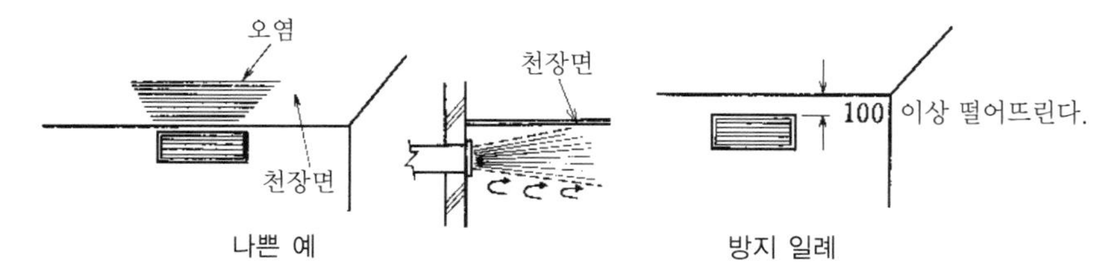

〔4〕 박스 및 스트랩

a) 아네모형 기구를 설치하기 위한 박스 및 스트랩을 다음에 나타낸다.

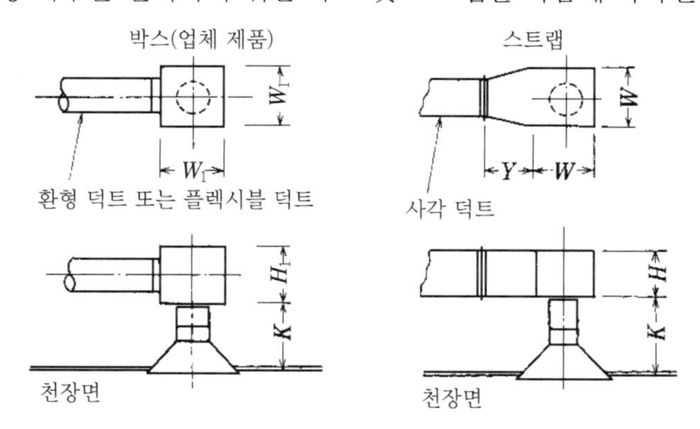

(주) 박스 및 스트랩의 참고 치수를 다음 페이지에 나타낸다.

박스 및 스트랩 참고 치수[mm]

아네모형번	W_1	W	H_1	H	K	Y
#12.5	210	300	195	200	200	150
#15	235	300	220	200	200	150
#20	285	430	270	250	250	200
#25	335	430	320	250	250	200
#30	385	530	370	300	300	300

b) 유니버설형(VHS, HS, VS), 슬릿형(SR) 기구를 설치하기 위한 박스 및 스트랩을 다음에 나타낸다.

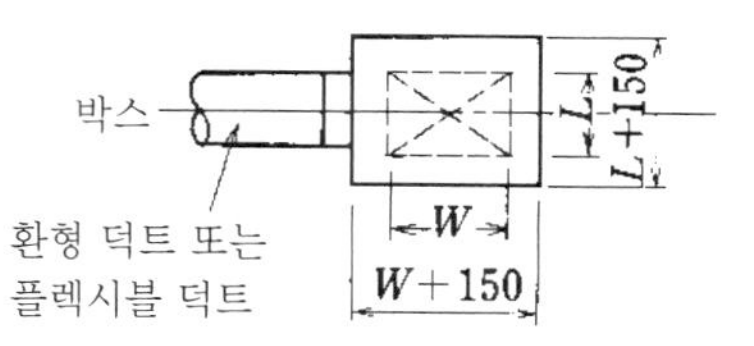

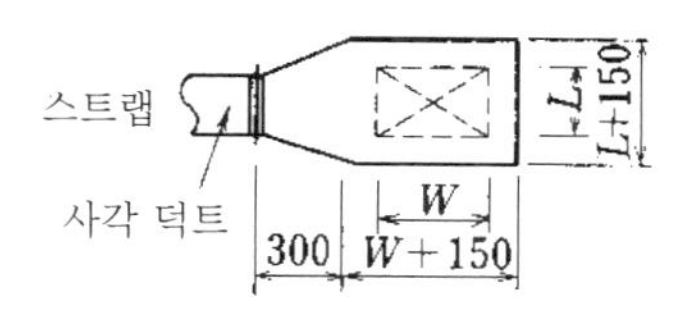

(주) 박스 또는 스트랩의 하단과 천장의 거리는 150~200mm로 한다.

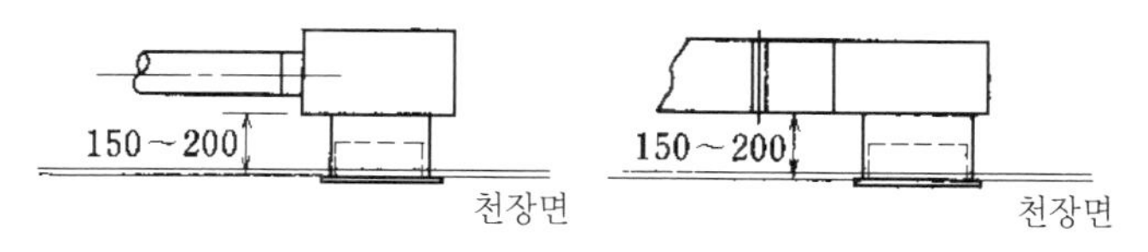

(5) 덕트 직접 붙이기 기구

주차장이나 기계실, 전기실 등은 노출된 곳이 대분분이므로 미관을 고려하여 설치해야 한다.

수평 분출구, 흡입구(하향 분출구, 흡입구도 같음)

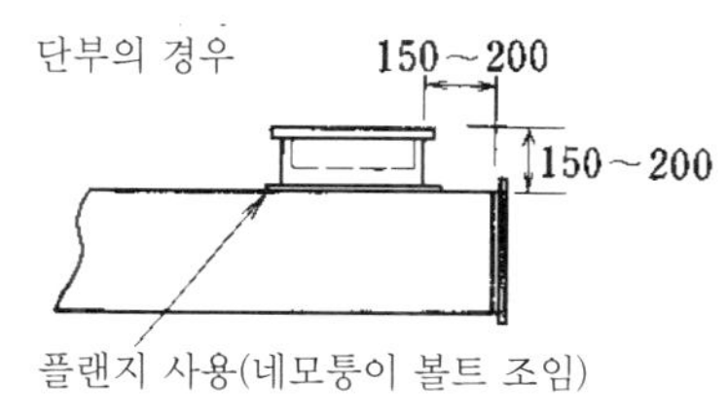

(주) 접속 플랜지 및 보강 앵글의 위치는 피할 것.

〔6〕 기구 치수

기구 치수를 선정할 때는 사전에 고객·설계사무소의 승낙을 얻어 **일람표**를 만들어 두면 편리하다. 사무실 빌딩에 사용한 예를 다음에 든다.

a) 기구 치수 선정 결정사항

(1) 사각형 기구의 치수는 덕트 치수로 한다.

(2) 사각형 기구의 면 풍속은 최대 3m/s로 한다.

(3) 천장면에 설치하는 슬릿형 레지스터(SR)는 정사각형을 원칙으로 한다.

(4) 아네모형 기구의 넥(neck) 풍속은 최대 4m/s로 한다.

b) 아네모형 분출구의 실제 선정 예

형식	치수		풍량 [m³/h]	최대 풍속 [m/s]	확산 반경[m]	
	넥 [cm]	바깥지름 [mm]			잔풍속 0.25m/s	잔풍속 0.5m/s
환형 아네모	12.5	280φ	~180	넥 4.0	1.5	1.0
	15	330φ	~260		1.5	1.0
	20	440φ	~470		2.0	1.2
	25	560φ	~730		3.3	1.5
	30	670φ	~1,040		4.0	1.8
	37.5	850φ	~1,630		5.0	2.5
사각형 아네모	12.5	340각	~180	넥 4.0	2.4	1.2
	15	340각	~260		2.9	1.2
	20	450각	~470		4.0	1.9
	25	540각	730		4.9	2.5
	30	690각	~1,040		5.8	2.7
	37.5	890각	~1,630		7.9	4.1
환형 팬	12.5	280φ	~180	넥 4.0	2.0	1.4
	15	330φ	~260		2.6	1.7
	20	440φ	~470		3.5	2.5
	25	560φ	~730		4.3	3.2
	30	670φ	~1,040		4.6	3.5
	37.5	850φ	~1,630		5.0	4.1

(주) 최대 풍속은 천장 높이, 발생 소음 등으로부터 체크할 것.

c) 흡입구(SR)의 실제 선정 예

형식	치수 [mm]	풍량 [m³/h]	최대 풍속 [m/s]
슬릿형 레지스터 (SR) (셔터붙이)	200×200	~340	표면 풍속 3.0
	250×250	~570	
	300×300	~840	
	350×350	~1,170	
	400×400	~1,550	
	450×450	~1,990	
	500×500	~2,480	
	550×550	~3,030	
	600×600	~3,630	
	650×650	~4,280	
	700×700	~4,990	

(주) 1. 천장 설치로, 유효 개구율은 80%로 했다.
2. 벽 설치로, 거주 구역(옥상 2.0m)보다 아래이고 자리에서 먼 경우 표면 풍속은 2.0m 이하로 한다.
3. 벽 설치로, 거주 구역(옥상 2.0m)보다 아래이고 자리에서 가까운 경우 표면 풍속은 1.5m 이하로 한다.

d) 루버류의 선정

(출처 : 일본 국토교통성 건축설비설계기준)

종별	유효 개구면 풍속 V[m/s] (통칭 : 통과 풍속)	유효 개구율 α
도어 루버	2.0	0.35
도어 언더 컷	1.5	1.0
외기 루버	3.0	0.3
배기 루버	4.0	0.3

(주) 배연 루버는 8.0m/s 이하로 한다.

e) 루버 개구 면적 A 구하는 방법

$$A = \frac{Q}{3,600 \cdot V \cdot \alpha}$$

Q : 급기 또는 배기 풍량[m^3/h]

V : 유효 개구면 풍속(통과 속도)[m/s]

α : 유효 개구율

〈참고〉 표면 풍속과 통과 풍속이 혼동되는 경우가 많으므로 차이를 다음에 나타낸다.

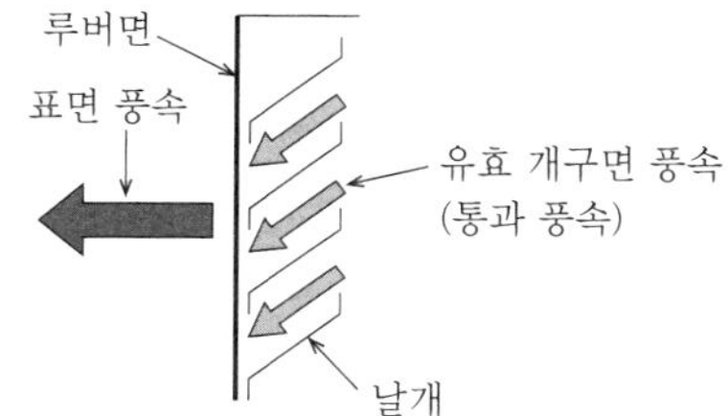

f) 패스 덕트의 선정

응접실 등에서 크로스 토크 방지를 위해 도어 루버가 설치되지 않은 경우, 패스 덕트로 복도에 공기를 뺀다. 패스 덕트의 크기 선정과 분출구·흡입구의 크기 선정 기준을 다음에 나타낸다.

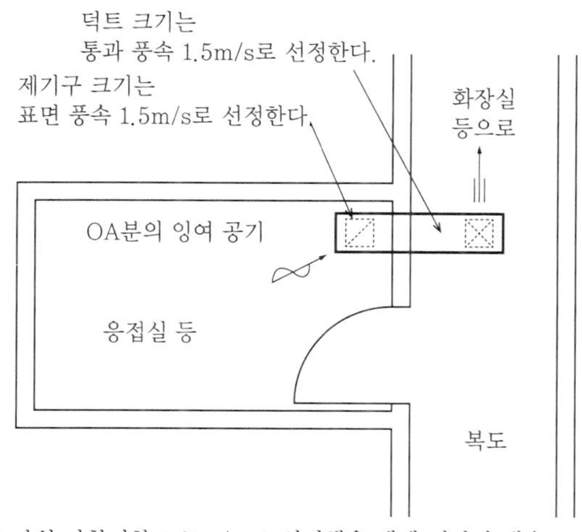

(주) 1. 덕트 크기를 단위 마찰저항 1.0Pa/m로 선정했을 때에 비하면 매우 크지만 도어 루버·언더 컷의 대체로서 선정하였다.
2. 덕트를 통해 말소리(소음 등)가 전해지는 것. 방지 대책에 대해서는 48쪽 크로스 토크 방지를 참조할 것.

6-8 배연구

〔1〕 종류와 표시

a) 배연구의 대표적인 종류를 다음에 나타낸다.

1. 가동 패널형
2. 슬릿형
3. 배연 댐퍼형(SED)

b) 가동 패널형과 배연구 수동 개방장치의 표시 예를 다음에 나타낸다.

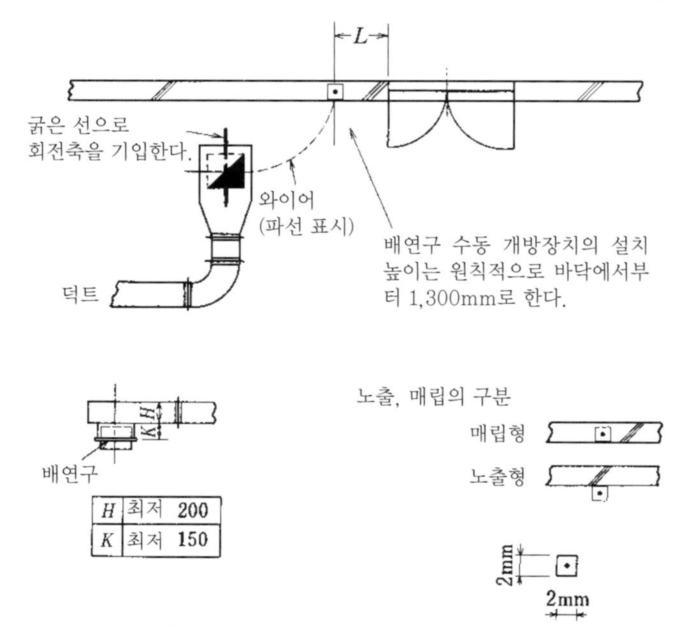

H	최저	200
K	최저	150

(주) 1. L 치수 및 설치 높이는 스위치, 콘센트에 주의한다(11-3「설비복합도」를 참조)
2. 배연구의 종류는 기구표에서 명시한다.
3. 가동 패널형으로 열린 상태의 하단이 FL+1800mm 이하가 될 경우는 사람에게 부딪힐 위험성이 있으므로 치수를 결정할 때 주의한다.
4. 배연 댐퍼에는 천장 점검구가 필요하며 설치 장소를 신중히 검토한다.

〔2〕 설치 위치

배연구의 설치 위치에는 **법적 제한**이 있으므로 주의한다.

a) 배연구는 방연 구획 부분의 배연에 유효한 부분에 설치한다. 배연에 유효한 부분이란 아래 그림에 나타내는 바와 같이 천장면 또는 천장면보다 아래쪽 80cm 이내이고, 또한 방연벽의 유효 범위 내 부분을 말한다.

마루(바닥) 또는 지붕
천장면
배연에 유효한 부분
$H \geq 3$ m
$\frac{H}{2}$ 또한 2.1m 이상
바닥

천장 높이가 3m 이상인 경우

천장면
배연에 유효한 부분
80 cm 이내
$H < 3$ m
바닥

천장 높이가 3m 미만인 경우

b) 평면상의 배치

방연 구획의 각 부분에서 수평 거리로 **30m 이하**로 정해져 있으며, 아래 그림에 수평 거리 구하는 방법을 나타낸다.

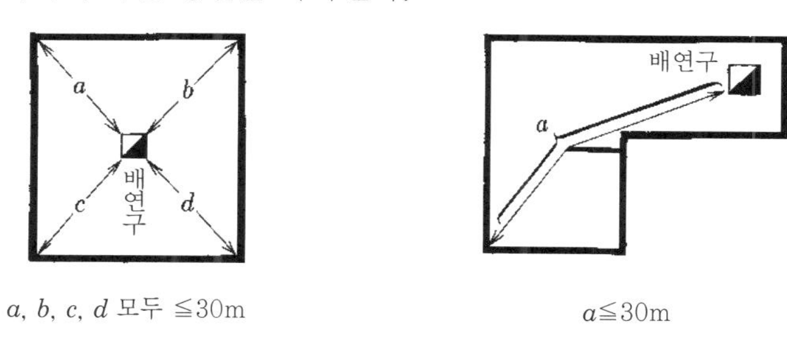

a, b, c, d 모두 ≦30m

a≦30m

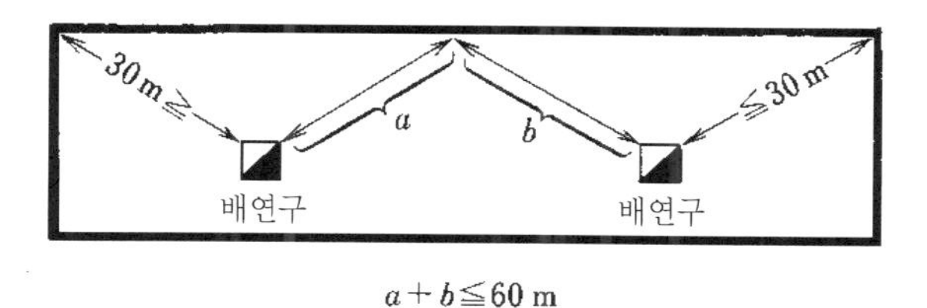

$a+b \leq 60$ m

〔3〕 배연구의 설치 예

천장면에 설치한 가동 패널형 배연구의 설치 예를 다음에 나타낸다.

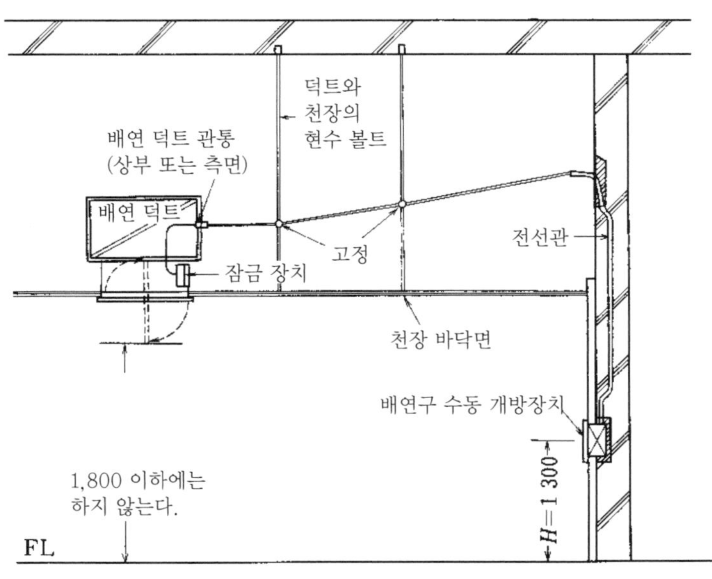

일반 천장 부분 설치 예

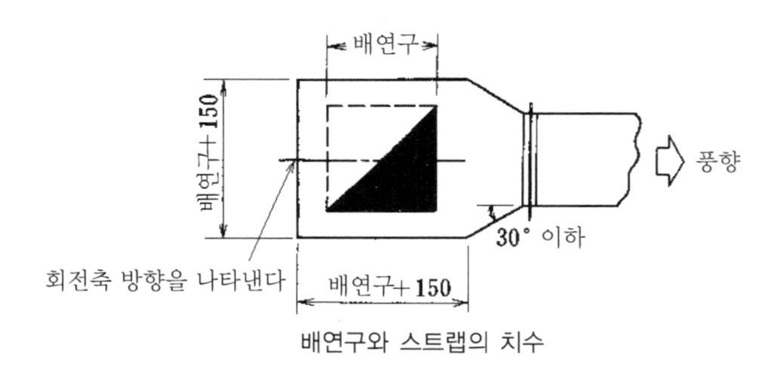

배연구와 스트랩의 치수

〔4〕 배연구 치수의 선정

가동 패널형으로 최대 풍속 10m/s인 배연구 치수 선정 예는 다음과 같다.

배연구 치수[mm] (덕트 치수)	배연 풍량[m³/min] [10m/s일 때의 최대 풍량
300×300	35
400×400	70
500×500	120
600×600	180
700×700	255
800×800	320
900×900	415
1,000×1,000	500

6-9 배치와 공간

〔1〕 덕트의 배치

덕트의 배치는 시공도를 그리는 데 중요한 요소이다. 단, 설계도의 확대가 아니고 '무리', '낭비' 요소가 없는 경로와 놓임새를 충분히 검토하여 작도한다. 레이아웃 사례를 다음에 나타낸다.

a) 양쪽 분기

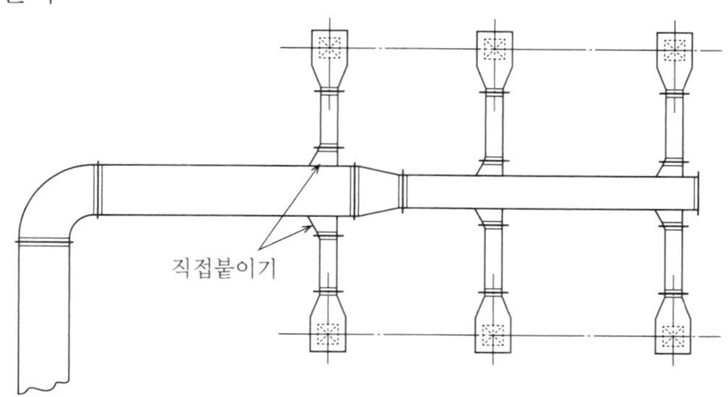

b) 한쪽 분기 (현장의 놓임새 관계로 위 a)의 방법을 채용할 수 없는 경우

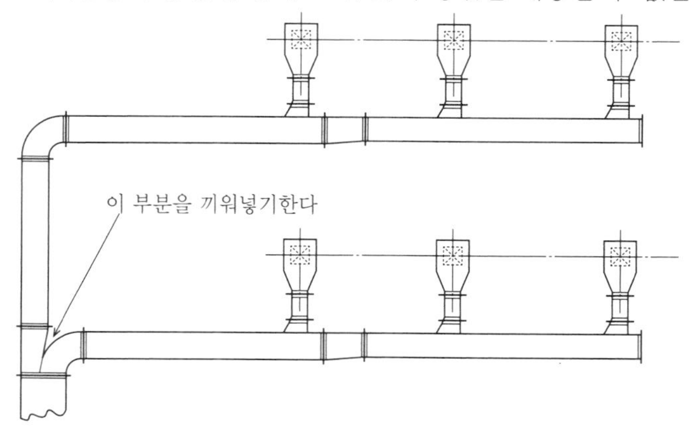

c) 특수 분기 (VAV 등을 설치하는 경우)

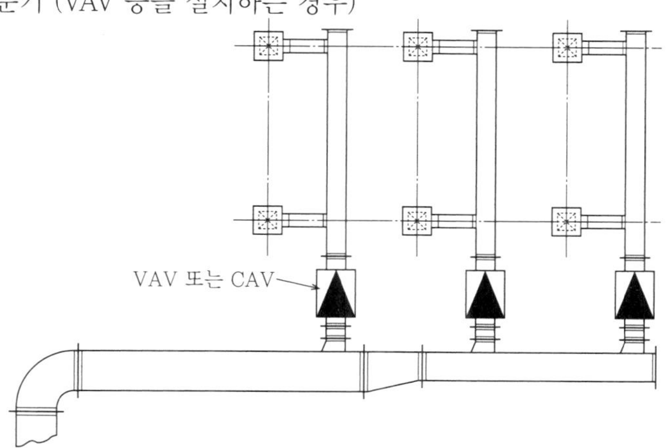

〔2〕 **샤프트 내 배치**

시공성이나 메인트넌스를 고려한 실제 예를 다음에 나타낸다.

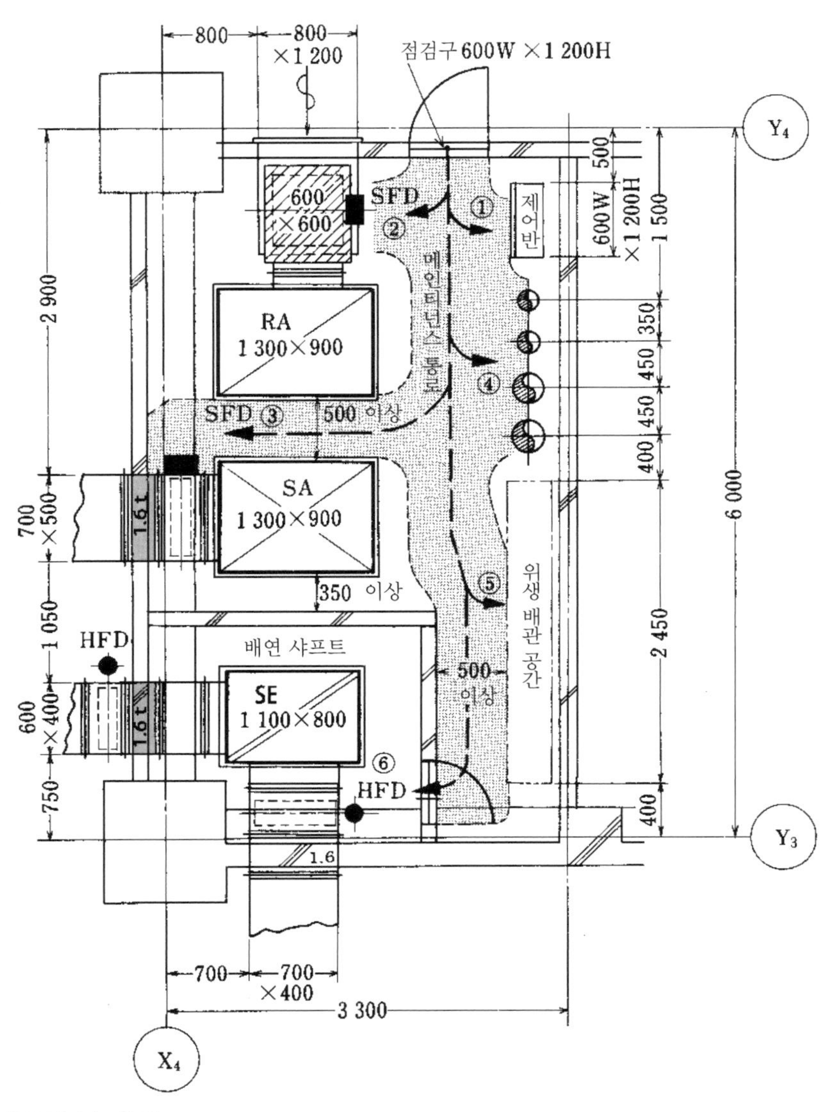

메인티넌스 항목

① ———————— 제어반의 조작과 확인
②, ③ ————— 댐퍼의 조작과 확인
④ ———————— 밸브의 조작과 외관 확인
⑤ ———————— 밸브의 조작과 확인(위생)
⑥ ———————— 댐퍼의 조작과 확인

6-10 클린룸 관련

〔1〕 HEPA 필터

클린룸 작도상 중요한 참고 항목 3가지를 다음에 나타낸다. 클린룸이나 병원의 수술실에는 HEPA(고성능) 필터가 사용된다. 난류 방식으로 사용되는 필터 댐퍼의 일례와 접착 상세를 다음에 나타낸다.

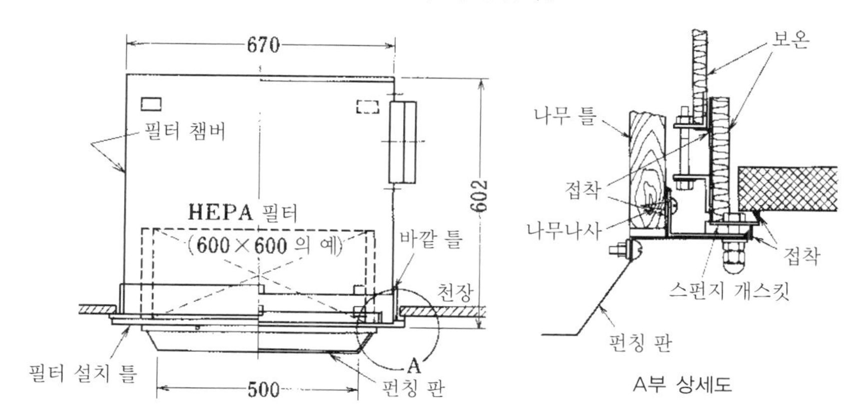

〔2〕 덕트의 접착

난류 방식의 덕트 접착을 다음 표에 나타낸다. 층류 방식(클래스 100 이하)에서는 도시(圖示)한 이상의 배려가 필요하나 여기서는 생략한다.

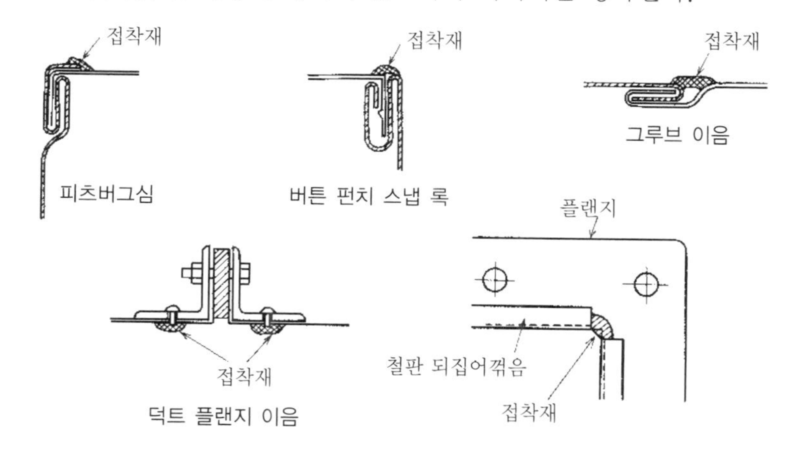

〔3〕 방음재의 비산 방지

방음용 유리솜이 비산하지 않도록 글래스 크로스의 끝을 감아 넣어 시공한다. 클린룸의 경우는 특히 도면화해서 지시한다.

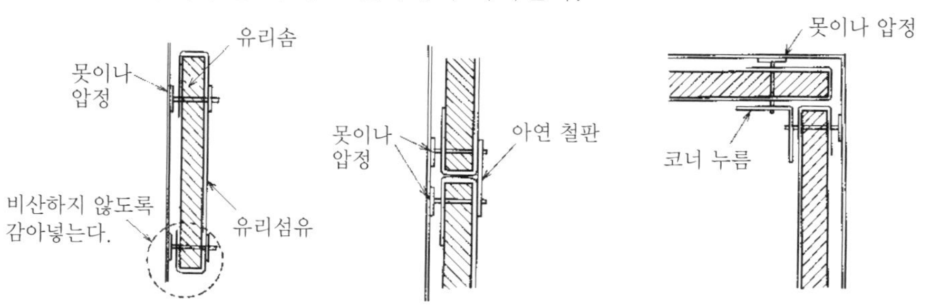

7장 배관

7-1 확인·주의사항

(1) 작도 전의 확인·주의 사항

배관도를 작도하기 전에 확인·주의할 사항을 다음에 개재한다.

1	용도와 유체의 종류, 관 재질 등을 설계도 및 사양서에서 확인한다.
2	스테인리스 강관이나 라이닝 강관의 경우에는 사용하는 이음이나 접합 방법을 검토한다.
3	배관의 지지 방법을 사전에 검토하고 골조의 내하중을 확인한다.
4	밸브·장치류 및 계량기 등의 설치 위치를 충분히 검토하고 메인티넌스에 불편이 없는 장소를 선정한다.
5	관의 열팽창에 의한 **신축량**을 사전에 계산하고 이것을 흡수하는 방법과 고정할 곳을 검토한다.
6	다른 용도의 **배관을 통과시켜서는 안 되는** 전기실, 엘리베이터 기계실, EPS, 오일탱크실, 중앙감시실, 컴퓨터실 등은 미리 확인한다.
7	**거실 내 노출 배관**은 사전에 고객, 설계사무소와 협의하여 승낙을 얻는다.
8	펌프, 공조기 등의 기기에 **배관의 하중**이 걸리지 않도록 지지 방법이나 위치를 검토한다.
9	기울기를 잡는 방법과 공기 빼기 위치, 방출할 곳을 확인한다.

(2) 사용 유체와 관 종류

통상은 지정되나 일반적으로 사용되고 있는 관 종류와 유체를 나타낸다

관 종류 \ 사용 유체	냉온수	냉각수	증기 (공급·환수)	고온수	급수	배수	기름	냉매 (프레온계)
배관용 탄소강 강관(백관)	○	○				○		
배관용 탄소강 강관(흑관)			○	○			○	
스테인리스 강관*1	○	○	○*3		○			
구리관*1	○							○
라이닝 강관*2	○	○			○			
경질염화비닐관						○		

*1 온도차에 의한 신축량이 크므로 주의한다.
*2 라이닝의 종류에 따라 사용 온도가 다르다.
*3 증기 **환수**관은 부식이 문제가 되므로 스테인리스 강관이 바람직하다.

관 종류의 JIS와 기호

관 종류	JIS	기호
배관용 탄소강 강관	G3452	SGP
일반 배관용 스테인리스 강관	G3448	SUS-TPD
동 및 동합금 이음매 없는 관	H3300	K, L, M
경질염화비닐관	K6741	VP, VM, VU

가장 많이 사용되고 있는 공조용 배관은 통칭 '가스관'이라고 불리는 배관용 탄소강 강관이다. 이 가스관에는 흑관과 아연 도금한 백관이 있으며, 흑관은

수도용 아연 도금 강관이나 라이닝 강관의 원관으로도 사용되고 있다.

최근에는 내부식성을 고려하여 스테인리스 강관, 라이닝 강관 등도 많이 사용되고 있다.

〔3〕 관의 기울기

유체에 맞춰 적정한 기울기를 잡는다. 일반적으로 사용되고 있는 기울기는 다음과 같다.

관 종류	기울기	
증기 공급관	순기울기(선하향)	1/200~1/300
	국토교통성 사양	1/250
	역기울기(선상향)	1/50~1/100
	국토교통성 사양	1/80
증기 환수관	순기울기(선하향)	1/200~1/300
	국토교통성 사양	1/200~1/300
배수관	순기울기(선하향)	1/50~1/200
	국토교통성 사양	65A 이하는 최소 1/50, 80A·100A는 최소 1/100 125A는 최소 1/50, 150A 이상은 최소 1/200
냉온수관 냉각수관 유관		1/250*
	국토교통성 사양	물 빼기 및 공기 빼기가 용이하도록 적절한 기울기를 확보한다.

* 일반적으로 기울기를 두지 않고 수평으로 시공하는 경우가 많다.

기울기는 다음과 같이 표시한다.

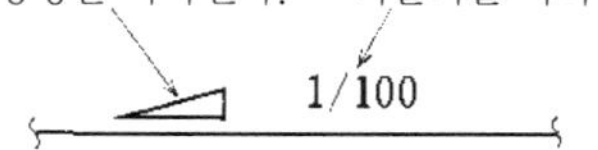

〔4〕 기타

관 지름과 유량, 마찰저항값, 신축량의 관계는 배관의 경우 특히 중요하며, 다음의 장·절·항에서 체크한다.

3.2 〔1〕 수량의 산출
3.4 〔1〕 증기량의 산출
3.4 〔3〕 신축량의 계산
3.6 관 지름 결정 방법

7-2 배관의 표시

(1) 배관의 종류

배관의 종류별 표시 기호는 다음과 같다.

(출처 : SHASE-S001)

종별	표시 기호	비고
저압증기 공급관	— S —	중압 SM, 고압 SH
저압증기 환수관	— SR —	중압 SMR, 고압 SHR
고온수 공급관	— HH —	환수관 HHR
온수 공급관	— H —	환수관 HR
냉수 공급관	— C —	환수관 CR
냉온수 공급관	— CH —	환수관 CHR
냉각수 공급관	— CD —	환수관 CDR
열원수 공급관	— HS —	환수관 HSR, 히트펌프용
냉매관	— R —	액관 RL, 가스관 RG
브라인 공급관	— B —	환수관 BR
압축 공기관	— A —	
팽창관	— E —	
통기관	- - - - - - - -	
공기 빼기관	---AV---	
기름 공급관	— O —	환수관 OR
기름탱크 통기관	---OV---	
배수관	— D —	
(위생)		
상수 급수관	—— - ——	
급탕 공급관	——|——	
급탕 환수관	——||——	
배수관	————	
오수 배수관	——)——	
빗물 배수관	— RD —	
저압 가스관	— G —	중압 MG
프로판가스관	— PG —	
스프링클러관	— SP —	

〔2〕 이음류의 표시

이음에는 크게 나사조임과 용접이 있으며 다음과 같이 표시한다.

이음	나사조임	용접
90° 엘보		
45° 엘보		
티(T자관)		
플랜지		
유니온		
폐지 플랜지		
캡	「캡 정지」라고 문자로 기입한다.	
플러그	「플러그 정지」라고 문자로 기입한다.	
이형 소켓 (리듀셔)	동심	편심

공조용 배관은 50A 이하는 나사조임, 65A 이상은 용접이 일반적이다. 따라서 나사조임, 용접의 표시를 생략하고 작도하는 경우가 많다.

〔2〕 이음의 표시

a) 엘보 이음의 치수

나사조임 이음, 용접 이음 모두 90° 쇼트 엘보의 A 치수는 관의 외형 치수와 거의 같다. 롱 엘보의 경우는 관 외경의 1.5배 정도이다.

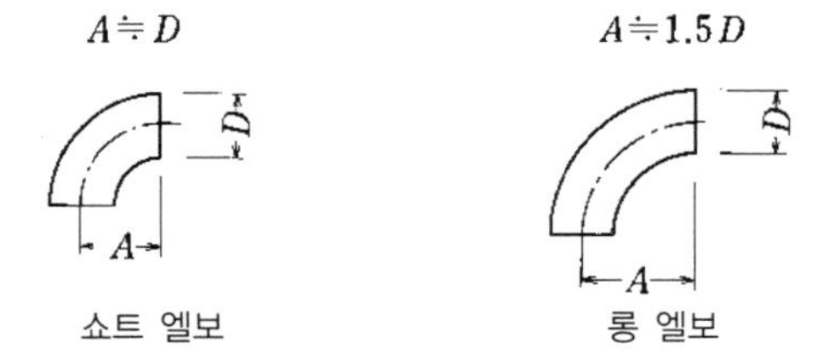

b) 용접 이음의 조합 치수

작도상 필요한 용접 이음의 조합 치수는 다음과 같다.

(1) 90° 엘보

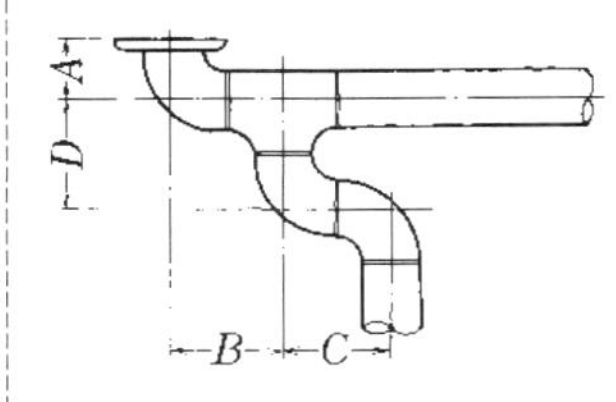

90° 용접 엘보의 조합 치수[mm]

관 지름 \ 치수 \ 종별	쇼트 엘보 A	쇼트 엘보 B	쇼트 엘보 C	쇼트 엘보 D	롱 엘보 A	롱 엘보 B	롱 엘보 C	롱 엘보 D
65	70	142	129	142	102	174	193	174
80	83	164	155	164	121	202	231	202
100	108	209	206	209	159	260	307	260
125	133	253	256	253	197	317	383	317
150	159	298	307	298	235	374	460	374
200	210	383	409	383	311	485	612	485
250	260	472	510	472	387	599	764	599
300	311	561	612	561	464	714	917	714

(주) 1. 용접 엘보와 티의 치수는 JIS B 2304에 따른다.
2. 플랜지 치수는 JIS B 2222, 표준형에 따른다.
3. 용접의 맞대기 간격은 모두 2mm로 한다.
4. 플랜지 용접은 모두 6mm로 한다.

(2) 45° 엘보

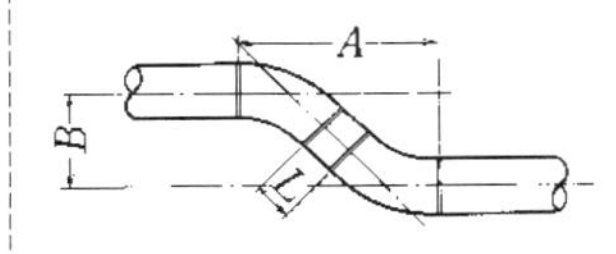

45° 용접 엘보의 조합 치수[mm]

관 지름	치수	L 0	L 40	L 80	L 150	L 250	L 350
65	A	140	168	196	246	316	387
	B	59	87	115	165	235	306
80	A	167	195	233	272	344	414
	B	70	98	127	176	247	318
100	A	221	249	277	327	397	468
	B	92	121	149	198	269	340
125	A	275	303	331	381	451	522
	B	115	143	171	221	292	362
150	A	329	357	385	435	505	576
	B	137	165	194	243	314	385
200	A	436	465	493	542	613	684
	B	182	210	238	288	359	459
250	A	544	572	600	650	721	791
	B	226	255	283	332	403	474
300	A	652	680	708	758	829	899
	B	271	299	328	377	448	518

(주) 1. 45° 용접 엘보의 치수는 JIS B 2304에 따른다.
2. 용접의 맞대기 간격은 모두 2mm로 한다.

〔4〕 단선·복선의 구분

a) 축척 및 배관 치수에 의한 **단선·복선**의 사용 구분을 다음에 나타낸다.

축척	단선	복선
1/200	모든 사이즈	–
1/100	150A 이하	200A 이상
1/50	50A 이하	65A 이상
1/10~1/30	25A 이하	32A 이상

b) 배관 접합부의 **단선·복선**의 표시를 다음에 나타낸다.

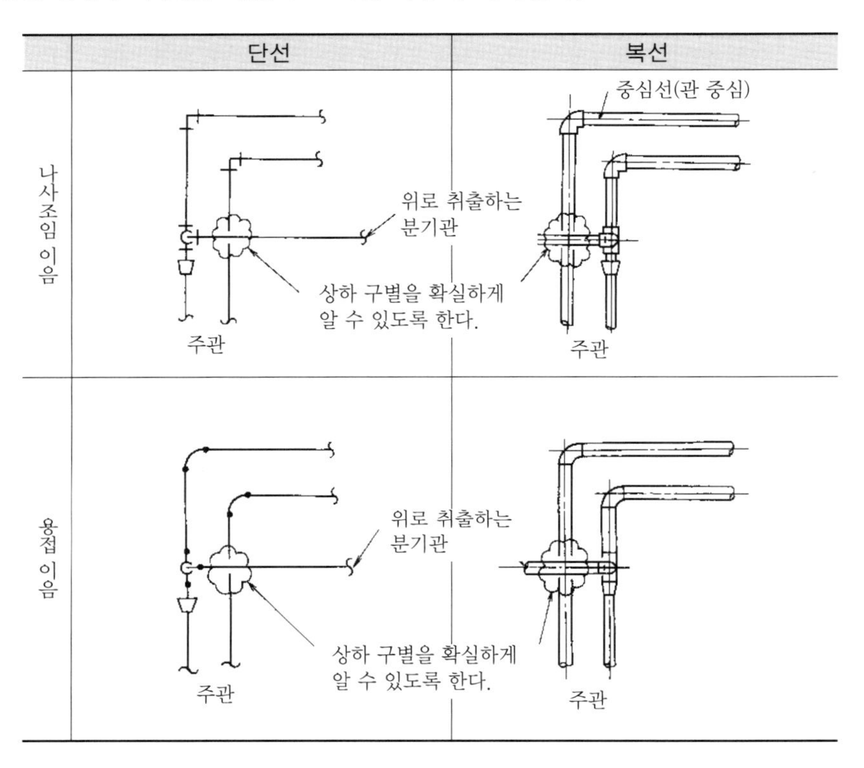

〔5〕 수평관의 올림·내림

수평관의 평면과 단면의 올림·내림의 관계를 다음에 나타낸다.

	90°로 상하하는 경우	45° 또는 어느 각도로 상하하는 경우
평면도		이음의 위치는 맞출 것
단면도		

〔6〕 공기 빼기와 물 빼기

공기 빼기관 및 배관 도중의 물 빼기관은 다음에 나타내는 표시를 사용한다. 공기 빼기관은 파선으로 표시한다.

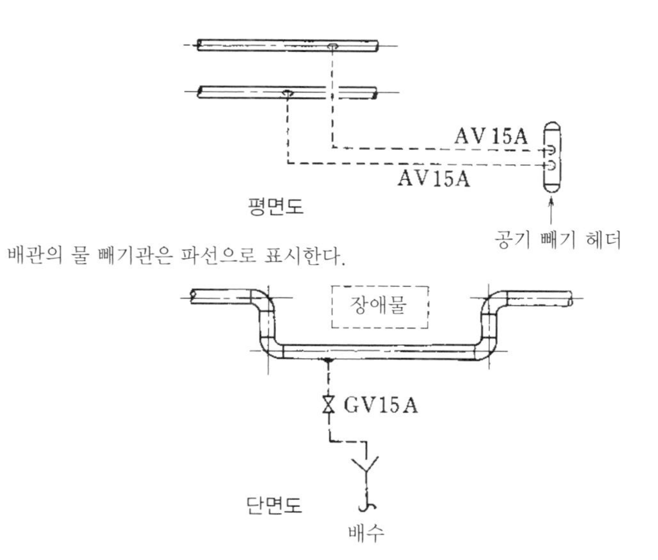

〔7〕 천장 배관과 바닥 밑 배관

공기설비의 배관은 **골조도와 같은 층**의 것을 표현한다. 즉 **올려다본 배관도**이며 아래 그림에서 구체적으로 나타낸다.

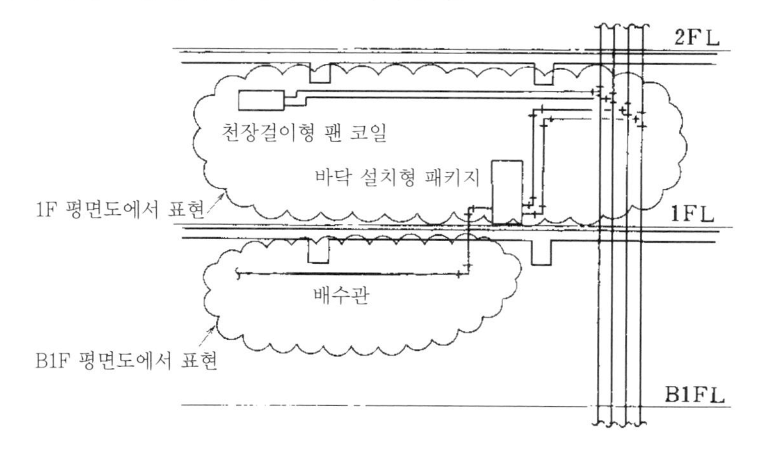

여기서 문제가 되는 것은 **바닥 설치형 팬 코일의 배관**이다. 설계도에는 2F 평면도에 '바닥 밑 배관'이라고 표기하는 일이 많으나, 시공도에서는 아래 도면에 나타내는 방법을 사용하는 것이 작업자가 알기 쉽다.

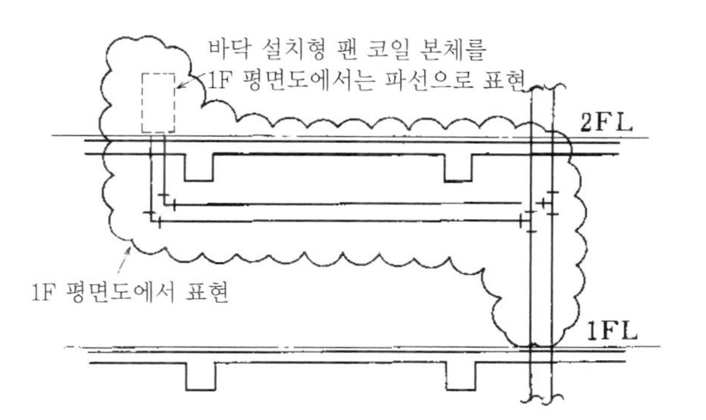

7-3 밸브류 등의 표시

(1) 밸브류

밸브류의 종류와 표시 기호는 다음과 같다. (출처 : SHASE-S001)

종별	표시기호	비고
게이트 밸브	GV	칸막이 밸브
스톱 밸브	SV	원판 모양
버터플라이 밸브	BV	
체크 밸브		역지 밸브
Y형 스트레이너		
U형, V형 스트레이너	S	
기름용 스트레이너		복식, 단식
증기 트랩	T	
콕		
감압 밸브	R	1차 측, 2차 측의 압력값 기입
안전 밸브·릴리프 밸브		
전동 이방 밸브		
전동 삼방 밸브		
전자 밸브		
온도 조절 밸브	T	자력식
압력 조절 밸브	P	자력식
자동 공기 빼기 밸브	A	
신축관 이음	EJ-S	S : 단식
신축관 이음	EJ-D	D : 복식
루프형 신축관 이음		
볼 조인트		
방진 이음		구형 고무제
변위 흡수관 이음		금속제
온도계	T	
압력계	P	증기용에는 사이펀관이 필요하나 기호는 동일하다.
연성 압력계	C	
순간 유량계	F	
볼 탭		
풋 밸브		
통기구		
양수기	M	
간접 배수받이		

〔2〕 밸브류의 기입 방법

밸브류의 도시법과 기입상 요점을 다음에 나타낸다.

a) 게이트 밸브, 스톱 밸브

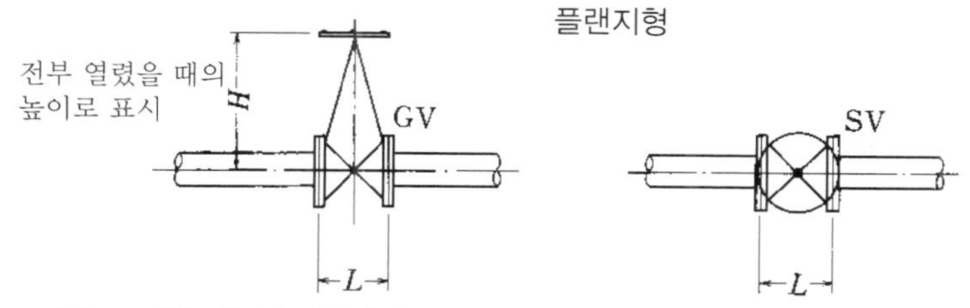

(주) 1. 핸들 방향을 명확하게 표시한다.
2. L, H 모두 정확히 기입하되 치수는 표시하지 않는다(이하 b)~d)도 동일).
3. 나사조임형은 플랜지선이 없을 뿐 나머지는 같게 한다.

b) 체크 밸브

상기와 같으나 유체의 흐름 방향을 표기한다.

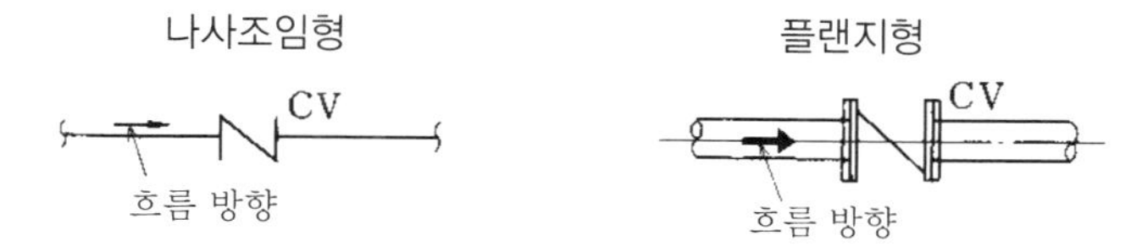

c) Y형 스트레이너

나사조임형

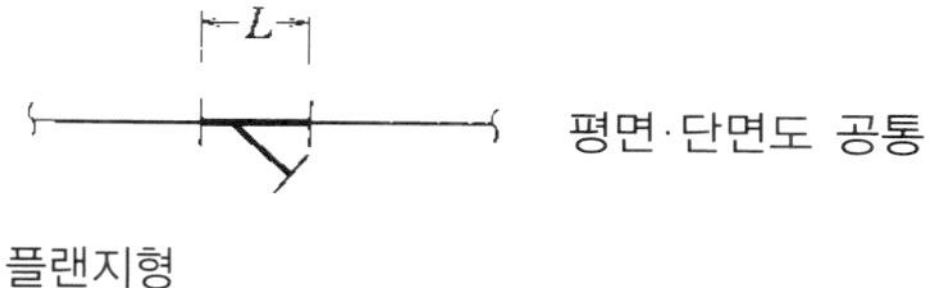

플랜지형

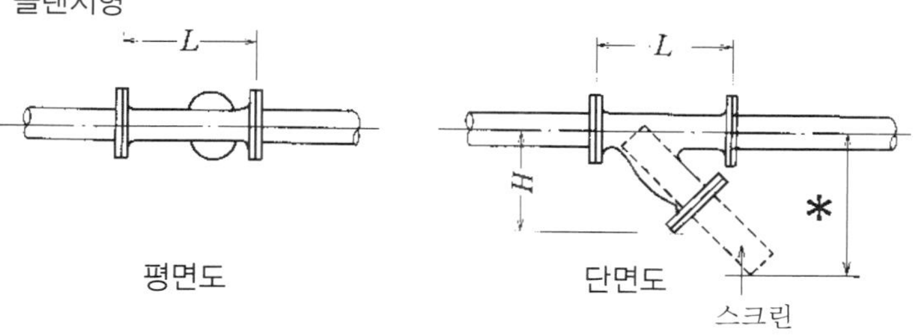

d) U형, V형 스트레이너(주로 대구경에 사용)

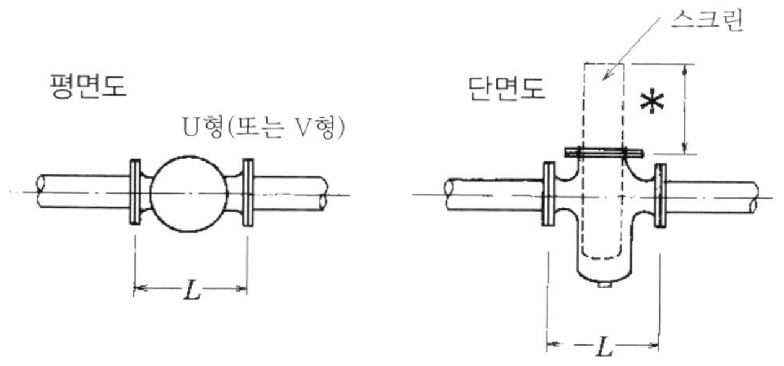

* 스크린을 빼는 공간이며 필요에 따라 스크린을 파선으로 표시하고 치수를 기입한다.

e) 감압 밸브

반드시 밸브 부근에 **압력값**(1차 측→2차 측)을 기입한다.

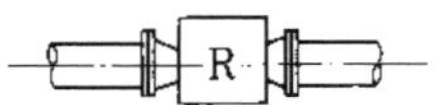

f) **수직관(세로관)에 설치하는 밸브**

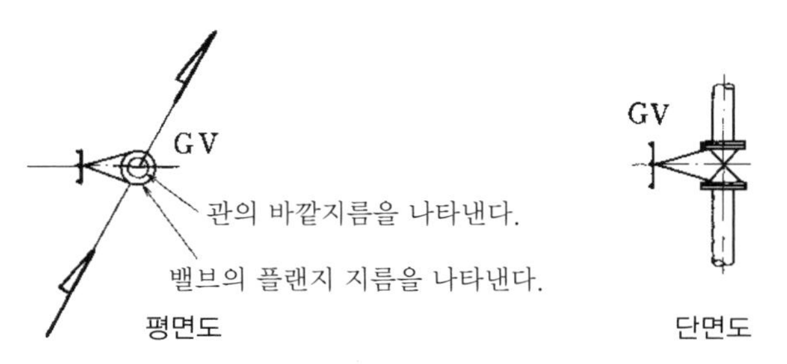

(3) 밸브 장치의 기입 방법

아래 도면에 나타내는 바와 같이 장치의 조립 치수(플래지 간)를 계산하고 플랜지부와 밸브 본체만 기입한다. 바이패스관은 단선으로 긋고 *W* 치수만 표시한다. 단, 이 표시는 축척 1/50, 1/100로 적용한다.

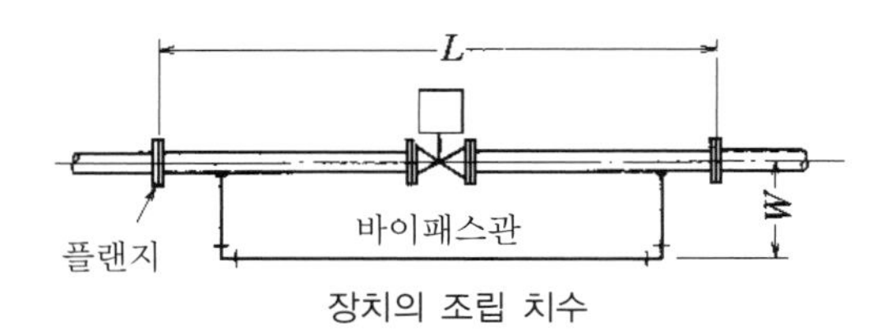

장치의 조립 치수

(4) 밸브 장치의 조립 치수

a) 전동 이방 밸브 장치(바이패스붙이)의 개략 치수

나사조임 배관[mm]

호칭 지름		전장 *L*	폭 *W*
배관	이방 밸브		
15	15	800	150
20	15	850	150
25	15	900	150
32	25	1050	200
40	25	1100	200
50	40	1250	200

(주) *L*, *W*는 위 도면 참조

용접 배관[mm]

호칭 지름		전장 *L*	폭 *W*
배관	이방 밸브		
60	40	1,750	350
65	50	1,750	350
80	50	1,850	350
80	65	1,850	350
100	65	2,100	400
100	80	2,100	400
125	80	2,400	400
125	100	2,400	400
150	100	2,650	450
150	125	2,650	450
200	125	3,050	500

(주) *L*, *W*는 위 도면 참조

b) 전동 삼방 밸브 장치(바이패스붙이)의 개략 치수

L, W의 치수는 거의 이방 밸브 장치와 같고 H 치수는 H=180mm(관경 25A)~750mm(관경 200A) 사이이다.

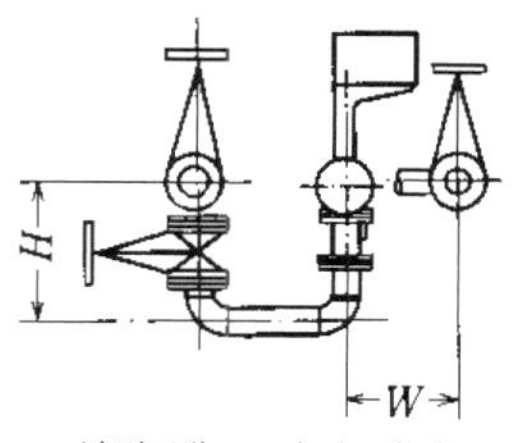

삼방 밸브 장치 단면

c) 증기용 감압 밸브 장치(바이패스붙이)의 개략 치수

[mm]

밸브 구경	나사조임 배관						용접 배관						
길이	15	20	25	32	40	50	65	80	100	125	150	200	250
1차 측 L_1	600	650	700	750	850	950	1200	1300	1450	1700	1750	2300	2700
2차 측 L_2	450	500	550	600	650	700	850	900	1050	1200	1300	1550	1800

(주) W 치수는 〔4〕 a)의 전동 이방 밸브 장치에 준한다.

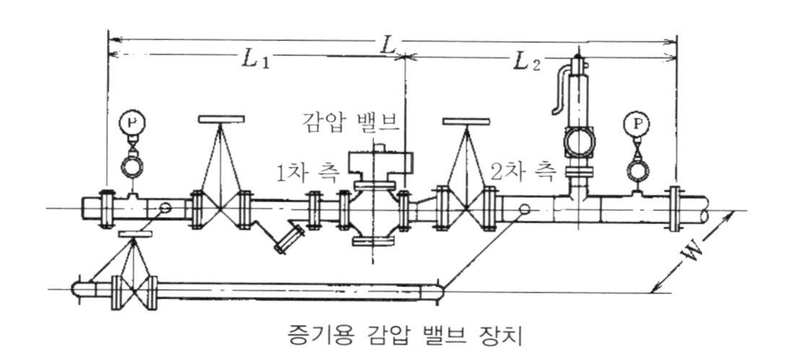

증기용 감압 밸브 장치

〔4〕 밸브의 설치 높이

밸브의 설치 높이는 작업자가 용이하게 조작할 수 있도록 하는 것이 바람직하다. 조작상의 밸브 높이는 1,500mm 전후가 좋다.

또한 여러 개의 밸브가 나란히 있는 경우는 높이를 최대한 맞추는 것이 보기에도 좋다.

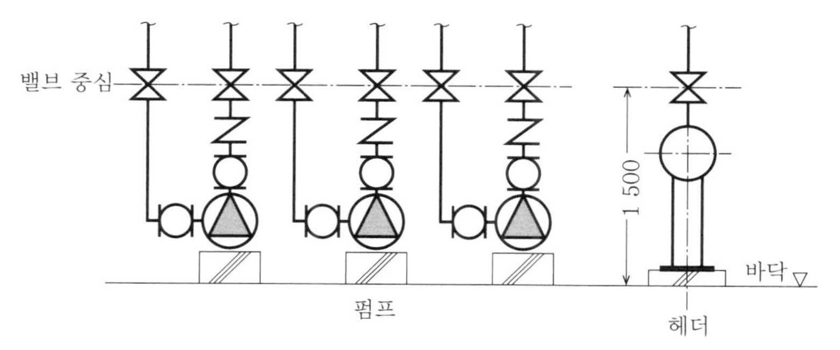

(주) 펌프에 배관 하중이 걸리지 않도록 방진 이음의 크기는 펌프 구경으로 하고 직접 설치한다.
방진 이음의 끝에서 필요 배관 크기로 하여 밸브류를 설치한다.

7-4 배관 치수의 기입 방법

〔1〕 **수평 배관**

수평 배관의 치수 표시를 다음에 나타낸다.

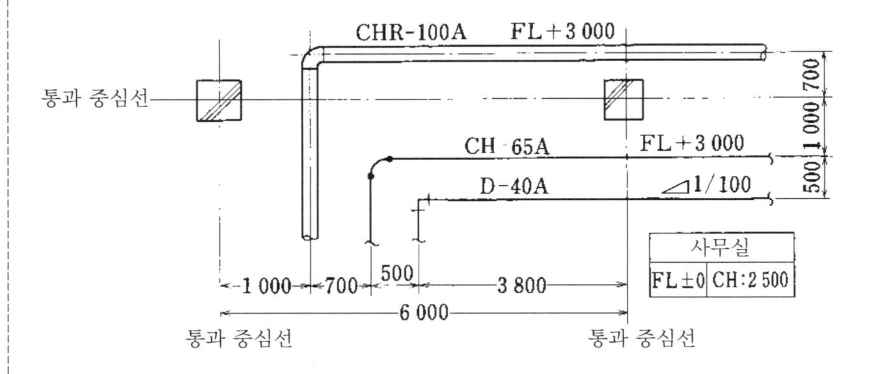

기입상의 요점

a) 치수나 높이의 표시는 위 그림 외에 다음과 같은 방법도 이용한다.

(1) 복선으로 관 지름이 굵은 배관의 치수나 높이는 관내에 기입한다.

C-300A FL+4 000

(2) 다수의 배관에서 간격이 좁은 경우, 위 그림에서 나타낸 방법으로 하면 복잡해서 보기 어렵다. 그 경우에는 다음과 같이 지시선을 이용하여 기입한다.

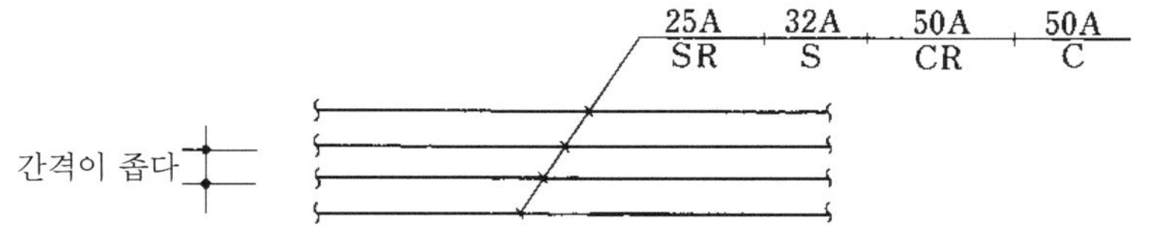

(3) 높이 치수는 원칙적으로 FL로부터 관 중심선까지의 높이를 기입한다.

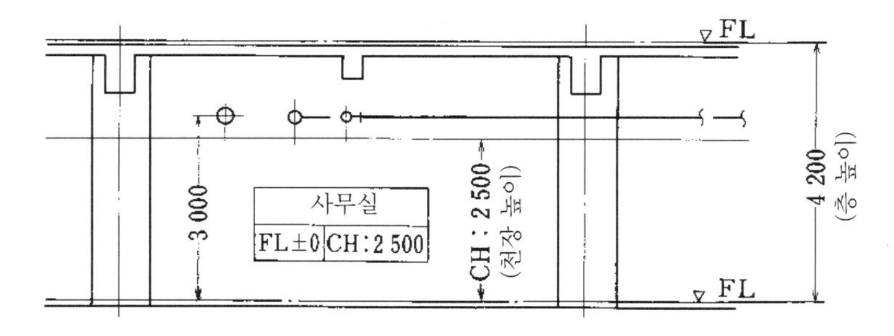

또한 모든 방(실)이 FL±0은 아니므로, 방 이름 밑에 바닥 레벨을 기입한다. 또한 평면도만으로 끝내는 경우도 있으므로 천장 높이도 기입하면 레벨 착오를 막을 수 있다.

(4) 기계실이나 샤프트 등에서 강재의 사용 방법에 따라 관면에서 나타내는 것이 편리한 경우는 「**관저(管底)**」 또는 「**관면(管面)**」이라고 문자로 기입한다.

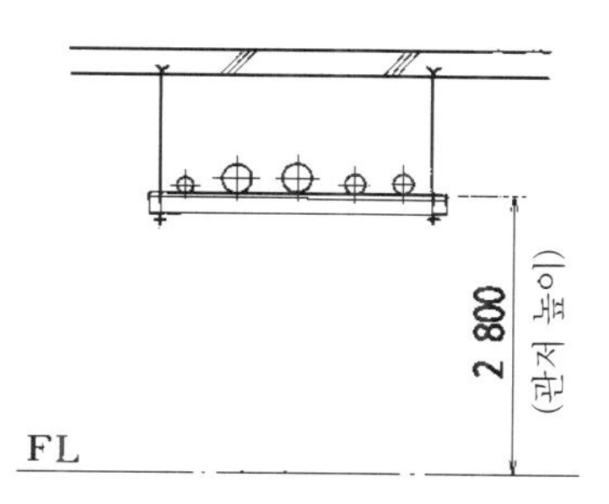

(5) 배수관, 증기관과 같이 기울기가 필요한 경우는 배관 도중에 「⊿ 기울기」를 표시하고 높이 치수는 **기점·종점** 및 **보 관통부**에 기입한다.

b) 관재로 통상 사용되고 있는 것은 기입하지 않고, 스케줄관이나 라이닝관 등 **특수한 관재**만 중간 또는 범례란에 기입한다.

C-100A(Sch-40)

c) 필요에 따라서 유체의 흐름 방향을 화살표로 표시한다.

화살표 모양 ⟶ 5mm 정도

화살표 기입이 필요한 부분의 예를 다음에 나타낸다.

(1) 열교환기, 헤더 등, 기기의 출입구

(2) 이방 밸브, 삼방 밸브, 감압 밸브, 유량계 등의 밸브 부근

〔2〕 수직 배관

a) 수직관의 치수는 다음과 같이 표시한다.

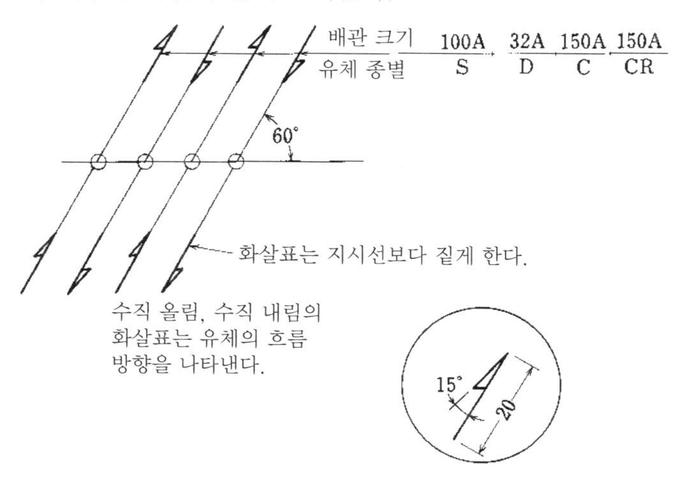

(주) 원칙적으로 달아내기가 없고 치수가 변화하지 않는 경우는 지시선에 의한 치수 기입은 수직 올림 측에만 쓴다. 또한 샤프트나 기계실 등에서 배관이 복수 수직 올림인 경우는 여백을 이용하여 표시한다.

b) 평면과 단면의 올림·내림 관계는 다음과 같다.

평면도

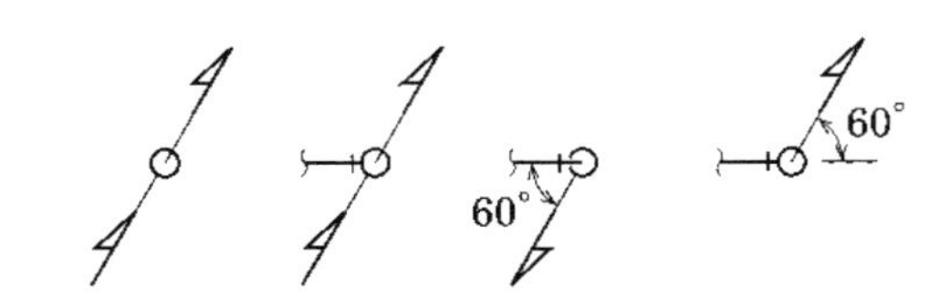

단면도

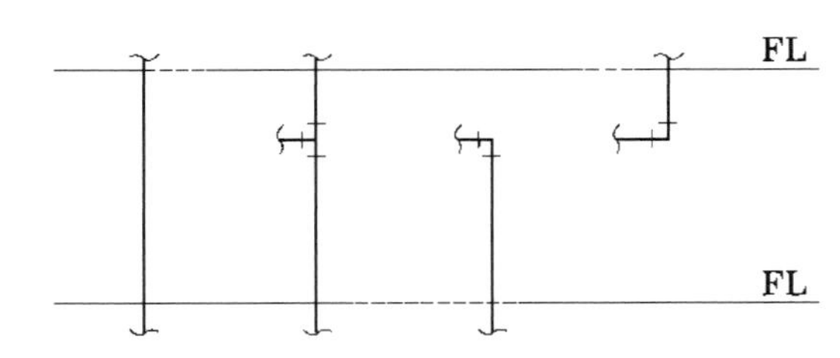

7-5 분기·최소 간격 등

〔1〕 주관에서의 분기

주관에서의 분기 달아내기는 다음 a)~d)를 고려하여 작도한다.

a) 물 배관에서는 과도한 저항이 생기지 않도록 분기 달아내기를 한다.

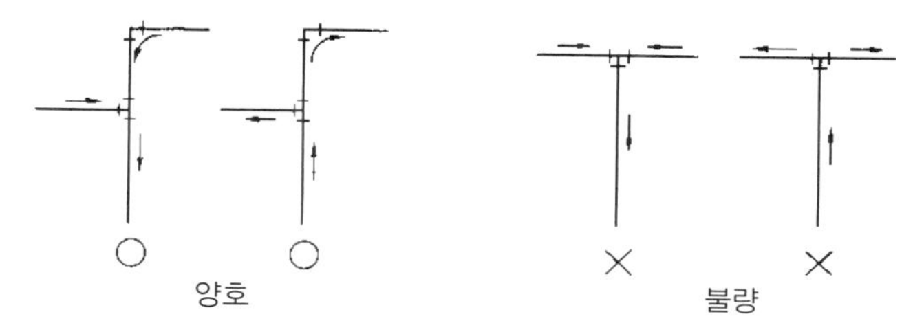

b) 신축에 의한 응력을 고려해야 하는 분기 달아내기는 3엘보 이상으로 한다.

증기 주관에서의 분기 달아내기 예

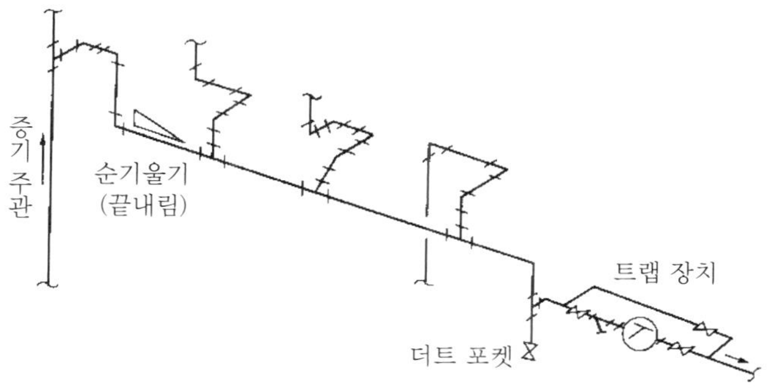

c) 신축에 의한 응력을 무시할 수 있는 경우는 다음과 같이 분기 달아내기를 해도 좋다.

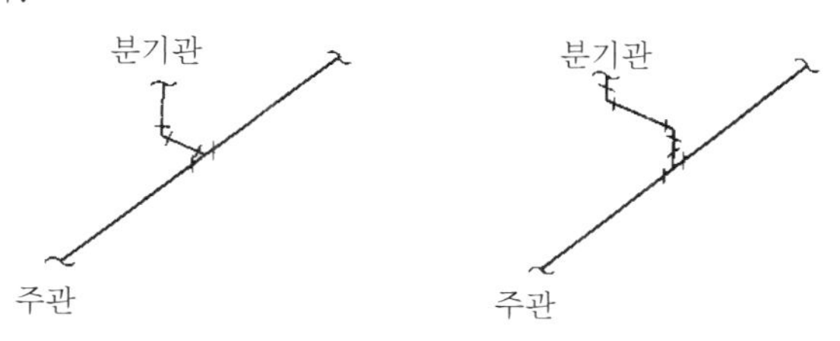

d) 증기의 수평관에서 관 지름을 변경하는 경우는 편심 이경(異徑) 소켓(용접 이음에서는 편심 리듀서라고 부른다)을 사용해서 응축수가 정체하지 않도록 한다.

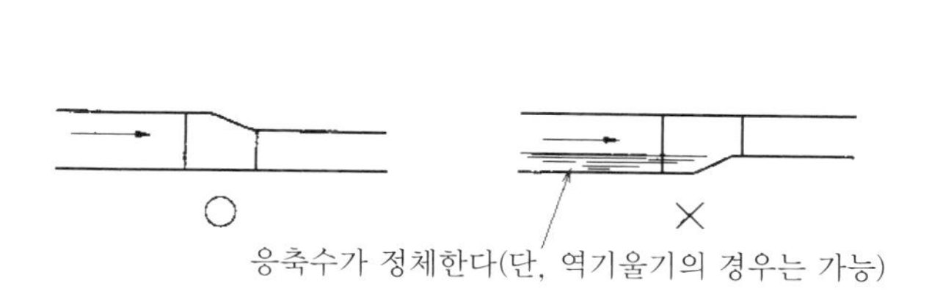

〔2〕 트랩 주위의 배관

증기 주관의 수직 올림부와 관끝에는 응축수 괴는 곳(더트 포켓)을 설치하여 관내의 응축수를 환수관으로 되돌릴 필요가 있다.

일반적인 트랩 주위의 배관은 다음과 같다.

a) 환수관이 위에 있는 경우의 트랩 장치

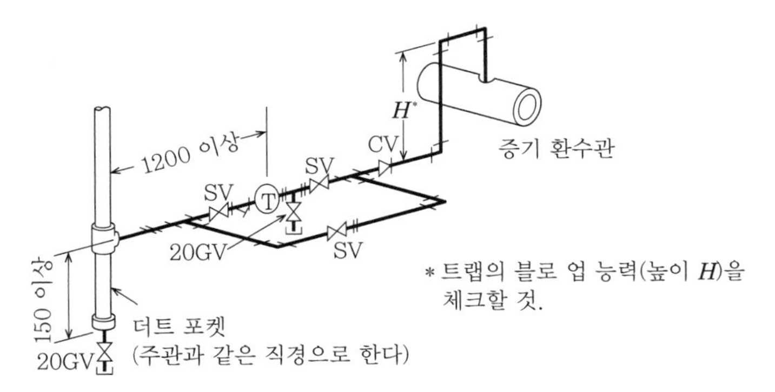

b) 환수관이 밑에 있는 경우의 트랩 장치

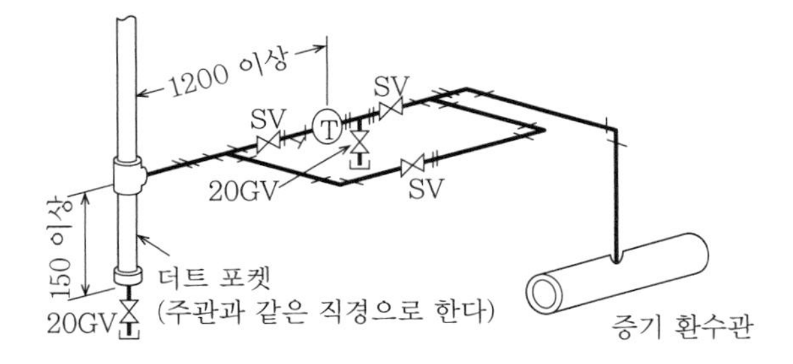

〔3〕 관끼리의 최소 간격

관과 관의 간격 치수는 작업성을 고려하여 아래 표의 간격 이상으로 한다. 나관의 용접·나사조임 작업 공간의 최소 간격은 다음과 같다.
(단 플랜지, 보온 두께는 포함하지 않는다)

용접·나사조임 작업 공간

이웃한 배관에서 큰 쪽의 관 지름	나관의 간격(최소)
15~50 (나사조임)	150, 75, 150 슬라브 바닥 또는 덕트 하단 등
65~150	450, 450, 100, 100
200~300	450, 450, 150, 150 / 150, 400, 400, 400
350~600	450, 200, 200, 450 / 200, 400, 400, 400

(주) 보드 벽에서 배관 선행인 경우 벽과의 간격을 좁힐 수 있으나 메인티넌스·배관 교체를 고려해서 치수를 정할 것.

보온 작업 공간[mm]

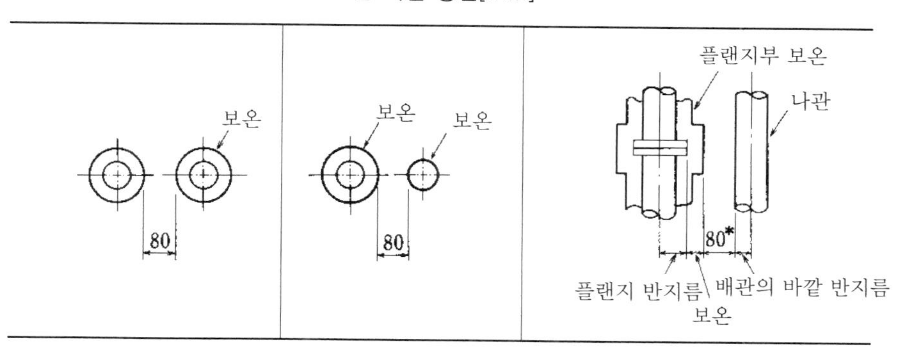

(주) 표의 치수는 알루미늄 유리 크로스 테이프로 마무리한 경우의 값이며 래킹 마무리에도 사용할 수 있다.
* 보온 플랜지부는 80mm 이하의 간격으로 해도 좋다.

(4) 배관의 지지

배관의 지지에는 강재가 많이 사용되나 배관 루트를 효율적으로 생각하지 않으면 불필요한 강재를 대량 사용하게 된다. 따라서 다음에 나타내는 사용 예를 충분히 이해하고 작도해야 한다.

a) 천장(위층 바닥)에서 지지

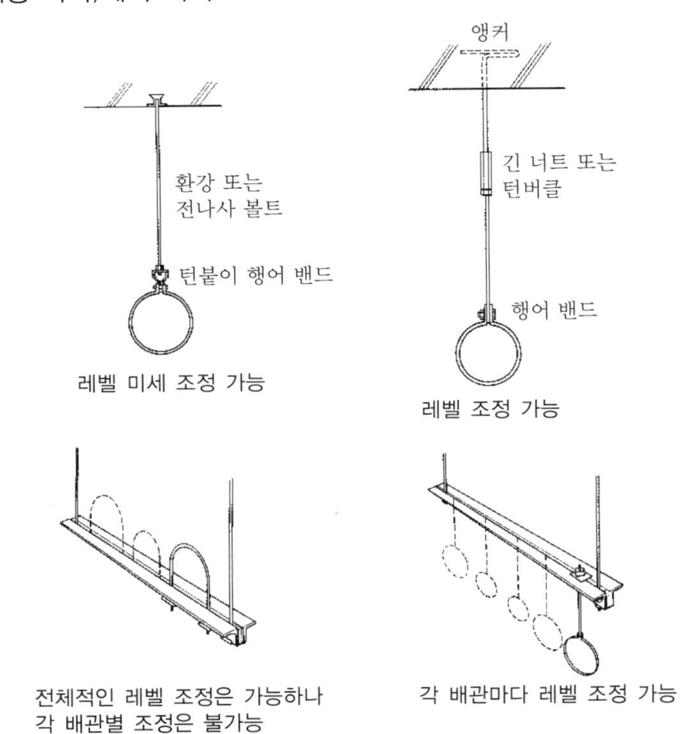

레벨 미세 조정 가능

레벨 조정 가능

전체적인 레벨 조정은 가능하나
각 배관별 조정은 불가능

각 배관마다 레벨 조정 가능

b) 위와 동일(진동 방지를 생각할 때)

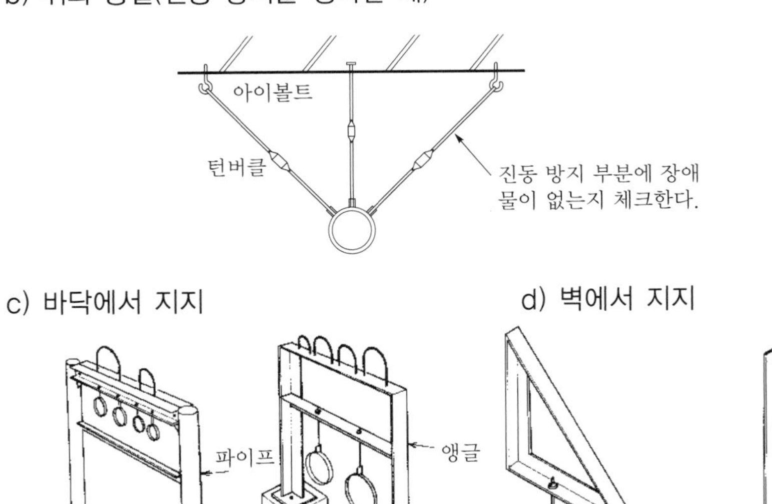

c) 바닥에서 지지

d) 벽에서 지지

레벨 조정 불가능

레벨 조정 가능

냉매 배관·패키지 드레인

8-1 냉매 배관의 사이즈 선정

(1) 냉매 배관의 허용치

여기서는 개별 공조 방식에서 대표적인 빌딩용 멀티에어컨에 대해 살펴본다. 냉매 배관은 각 업체마다 아래에 나타내는 허용치가 다르므로 담당자에 확인한다.

1) 실외기에서 가장 먼 실내기까지의 배관 상당 길이(L=실제 길이+이음 등의 저항을 직관 길이로 치환한 것)
2) 제1분기에서 가장 먼 실내기까지의 배관 상당 길이(l=실제 길이+이음 등의 저항을 직관 길이로 치환한 것)
3) 실외기에서 실내기의 고저차(H) 및 실내기에서 실내기의 고저차(h)

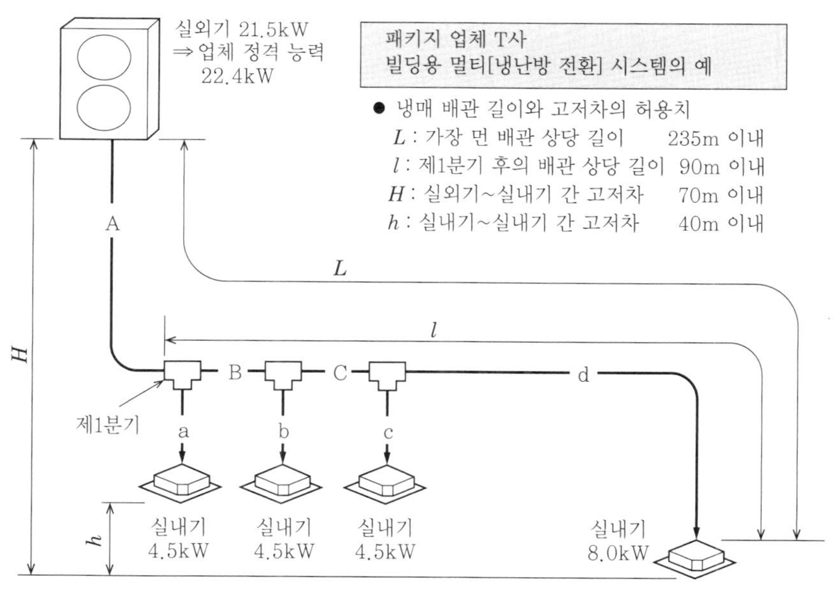

(주) 1. 상기의 값은 업체에 따라 다르므로 확인해야 한다.
2. 실외기가 아래에 위치하는 경우 허용값이 변하므로 업체 담당자에게 확인한다.

(2) 냉매 배관 사이즈의 선정

배관 부위	냉매 배관의 선정 방법(실내기 능력 kW)	액 측	가스 측
A	4.5+4.5+4.5+8.0=21.5⇒22.4	ϕ12.70	ϕ22.22
B	4.5+4.5+8.0=17.0	ϕ9.52	ϕ15.88
C	4.5+8.0=12.5	ϕ9.52	ϕ15.88
a	4.5	ϕ6.35	ϕ12.70
b	4.5	ϕ6.35	ϕ12.70
c	4.5	ϕ6.35	ϕ12.70
d	8.0	ϕ9.52	ϕ15.88

(주) 1. A는 실외기 22.4kW의 배관 사이즈와 동일하게 한다.
2. a~d는 실내기의 배관 사이즈와 동일하게 한다.

a) 냉난방 전환형

일반적인 빌딩용 멀티에어컨은 냉난방 전환형이다.

냉매 배관 1계통(2개)으로 실내기 하나에 냉난방 선택권을 갖게 하고(일반적으로 본체라고 한다), 그 밖의 실내기는 본체와 같이 운전을 하는 시스템이다.

시스템도는 앞 페이지 참조

냉난방 전환형(R410A)의 냉매 배관 사이즈 선정표

[패키지 업체 T사의 경우]

	기기 능력[kW]	액 측	가스 측
실외기~제1분기	14.0	ϕ9.52	ϕ15.88
	16.0	ϕ9.52	ϕ19.05
	22.4~33.5 미만	ϕ12.70	ϕ22.22
	33.5~40.0 미만	ϕ12.70	ϕ25.40
	40.0~45.0 미만	ϕ15.88	ϕ25.40
	45.0~61.5 미만	ϕ15.88	ϕ28.58
	61.5~73.0 미만	ϕ19.05	ϕ31.75
	73.0~101.0 미만	ϕ19.05	ϕ38.10
	101.0~	ϕ22.22	ϕ38.10
분기~분기	~6.6 미만	ϕ9.52	ϕ12.70
	6.6~18.0 미만	ϕ9.52	ϕ15.88
	18.0~34.0 미만	ϕ12.70	ϕ22.22
	34.0~45.5 미만	ϕ15.88	ϕ25.40
	45.5~56.5 미만	ϕ15.88	ϕ28.58
	56.5~70.5 미만	ϕ19.05	ϕ31.75
	70.5~98.5 미만	ϕ19.05	ϕ38.10
	98.5~	ϕ22.22	ϕ38.10
분기~실내기	2.2~3.6(배관 길이 15m 이하)	ϕ6.35	ϕ9.52
	3.6 (배관 길이 15m 초과)	ϕ6.35	ϕ12.70
	4.5~5.6	ϕ6.35	ϕ12.70
	7.1~16.0	ϕ9.52	ϕ15.88
	22.4~28.0	ϕ12.70	ϕ22.22
	45.0~56.0	ϕ15.88	ϕ28.58

b) 냉난방 프리형

빌딩용 멀티에어컨의 냉난방 프리형이란 냉매 배관 1계통(3개)으로 실내기마다 냉방·난방을 자유롭게 선정하는 시스템이다.

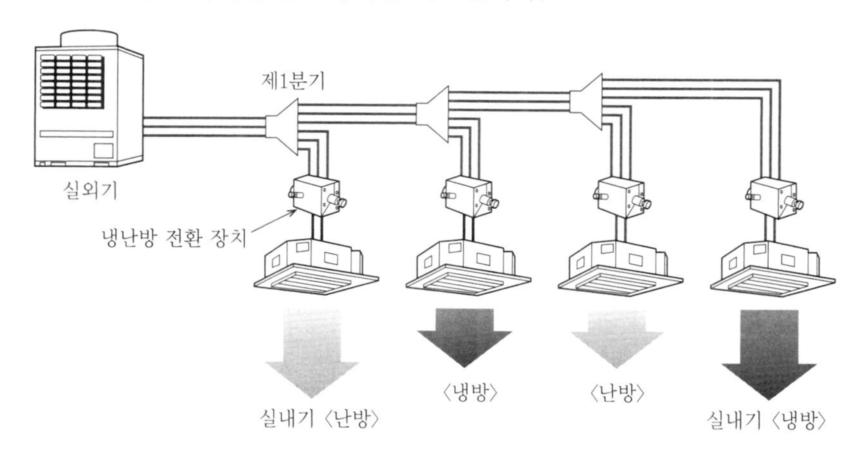

냉난방 프리형(R410A)의 냉매 배관 사이즈 선정표

[패키지 업체 T사의 경우]

구분	기기 능력[kW]	액 측	흡입 가스 측	토출 가스 측
실외기~제1분기	~33.5 미만	φ12.70	φ22.22	φ19.05
	33.5	φ12.70	φ25.40	φ19.05
	45.0~61.5 미만	φ19.05	φ28.58	φ22.22
	61.5~73.0 미만	φ19.05	φ31.75	φ25.40
	73.0~	φ22.22	φ38.10	φ28.58
분기~분기 / 분기~냉난방 전환 장치	~18.0 미만	φ9.52	φ15.88	φ12.70
	18.0~34.0 미만	φ12.70	φ22.22	φ19.05
	34.0~45.5 미만	φ15.88	φ25.40	φ22.22
	45.5~56.5 미만	φ15.88	φ28.58	φ22.22
	56.5~70.5 미만	φ15.88	φ31.75	φ25.40
	70.5~	φ19.05	φ38.10	φ28.58
냉난 전환 장치~실내기 / 분기~실내기	2.2~3.6(배관 길이 15m 이하)	φ6.35	φ9.52	–
	2.2~3.6(배관 길이 15m 초과)	φ9.52	φ12.70	–
	4.5~5.6(배관 길이 15m 이하)	φ6.35	φ12.70	–
	4.5~5.6(배관 길이 15m 초과)	φ9.52	φ15.88	–
	7.1~16.0	φ9.52	φ15.88	–
	22.4~28.0	φ12.70	φ22.22	–

8-2 냉매 배관의 지지·수직관 고정

〔1〕 수평관의 지지

a) 수평관의 지지 간격을 다음과 같이 나타낸다.

[국토교통성 사양 2013년판]

냉매용 강관(외경)	ϕ6.35~ϕ9.52	ϕ12.70~
봉강(9ϕ) 지지 간격	1.5m 이하	2.0m 이하

* 냉매 배관 액 측·가스 측을 같이 매달 경우는 액 측의 외경 사이즈로 한다.

b) 매닮 지지 방법의 예

단독 배관의 경우

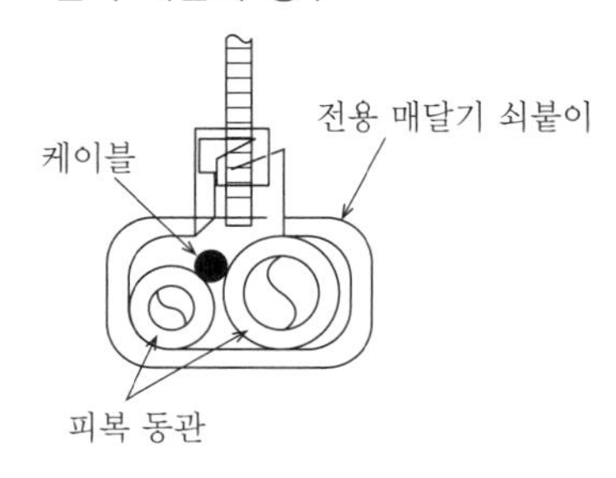

노출 사양

은폐 사양

복수 배관의 경우

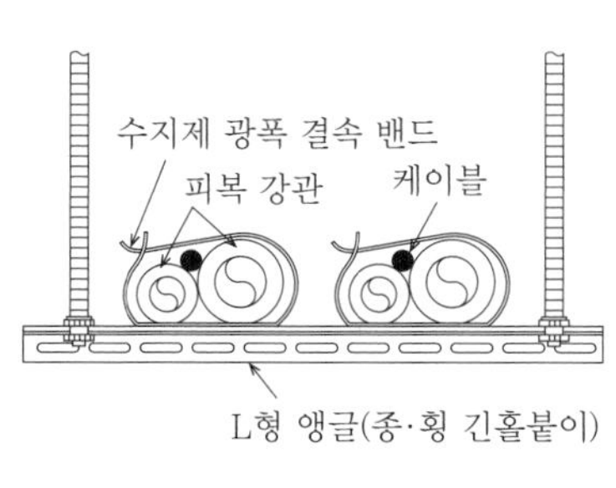

노출 사양

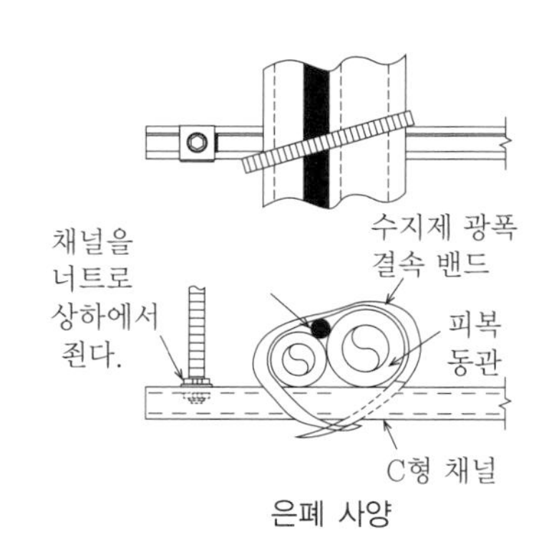

은폐 사양

c) 단열재 보호 방법의 예

행어 밴드

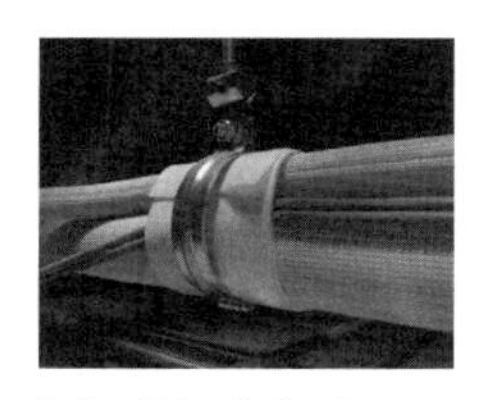

단열 접착 테이프(4t×50ω)
2층 감기로 단열재를 보호

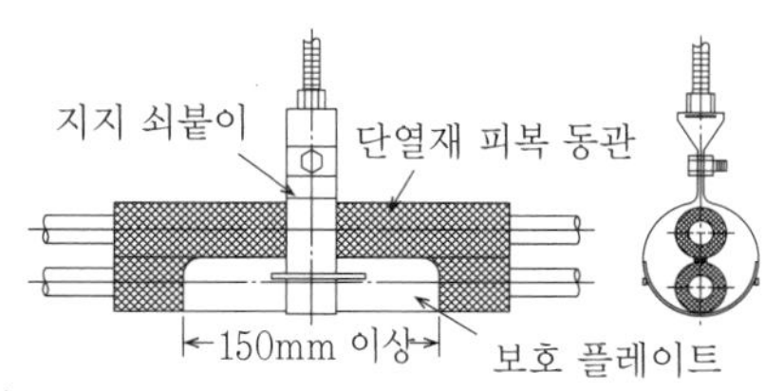

보호 플레이트를 사용하여
단열재의 파손에 의한 결로를 방지

〔2〕 수평관의 진동 방지

a) 형강 진동 방지의 지지 간격을 다음과 같이 나타낸다.

[국토교통성 사양 2013년판]

형강 진동 방지 지지 간격		
ϕ6.35~22.22	ϕ25.40~44.45	ϕ50.80~
불필요	6.0m 이하	8.0m 이하

* 냉매 배관 액 측·가스 측을 모두 매달 경우는 액 측의 외경 사이즈로 한다.

b) 형강 진동 방지 지지의 예

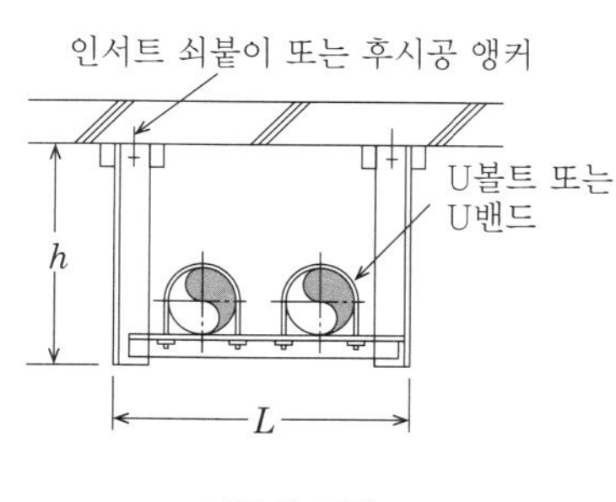

바닥의 경우

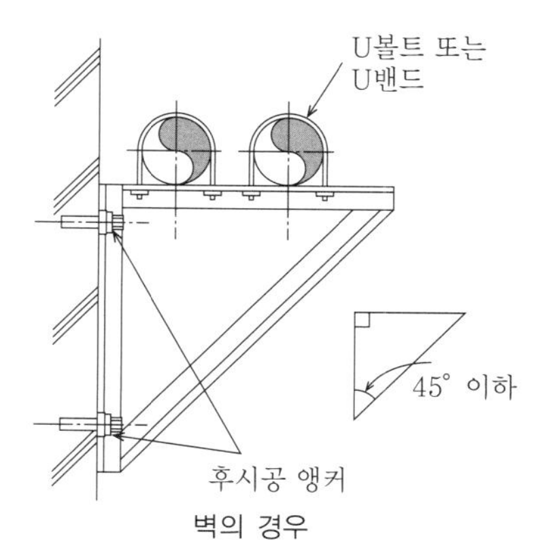

벽의 경우

(주) 1. 인서트 쇠붙이·형강 사이즈는 계산을 해서 선정한다.
2. 후시공 앵커의 경우는 수나사형 메커니컬 앵커를 사용한다.
3. 액 측·가스 측 모두 매달 경우는 단열 점착 테이프 2층 감기로 단열재를 보호하여 U볼트 또는 U밴드로 죈다.

c) 냉매 수평관의 매닮 지지와 형강 진동 방지 지지의 예

[국토교통성 사양 2013년판]

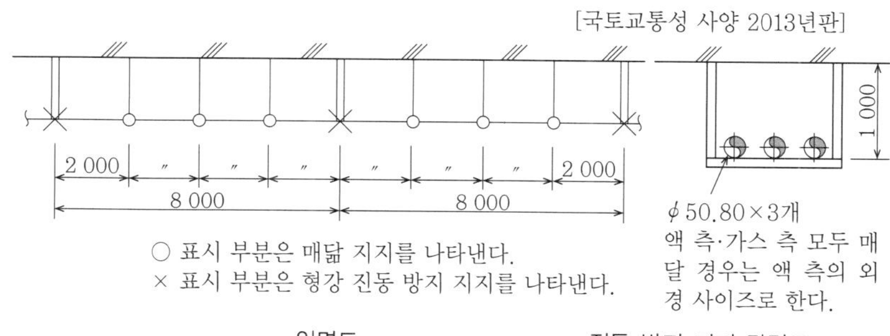

○ 표시 부분은 매닮 지지를 나타낸다.
× 표시 부분은 형강 진동 방지 지지를 나타낸다.

입면도

진동 방지 지지 단면도

(주) 1. 내진 지지가 적용된 경우는 오른쪽 그림과 같이 관축 방향의 형강 지지재를 추가한 타입으로 한다.
2. 형강 사이즈는 계산을 해서 선정한다.

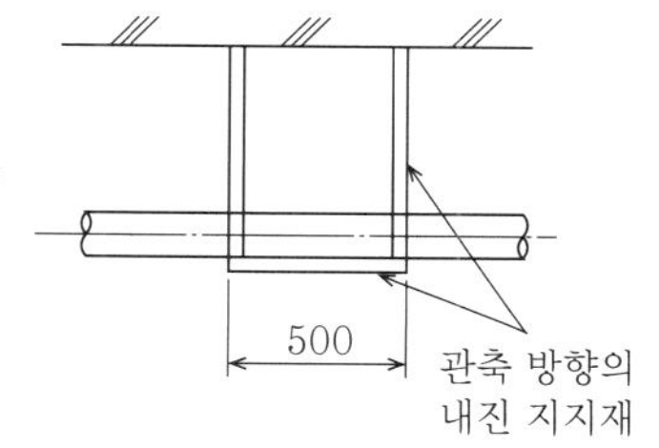

〔3〕 수직관의 지지

a) 수직관의 지지(진동 방지) 개소를 다음과 같이 나타낸다.

수직관 지지(진동 방지)		
층 높이 $H \leqq 4$m	4m < 층 높이 $H \leqq 6$m	층 높이 $H > 6$m
중간에 1군데	중간에 2군데	2m 이내에 1군데

b) 수직관의 지지(진동 방지) 방법의 예

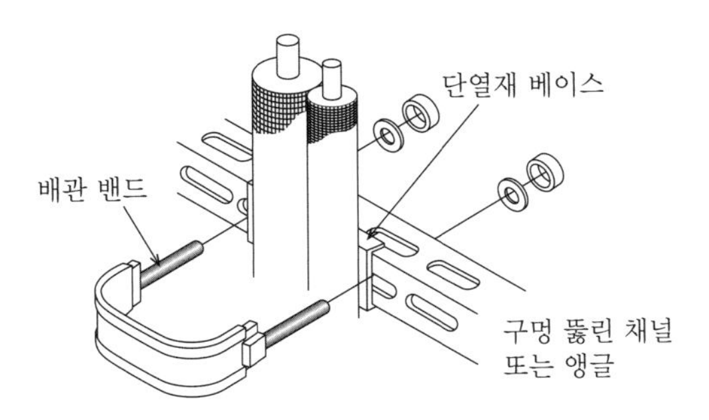

배관 밴드를 사용한 수직관 지지(진동 방지)

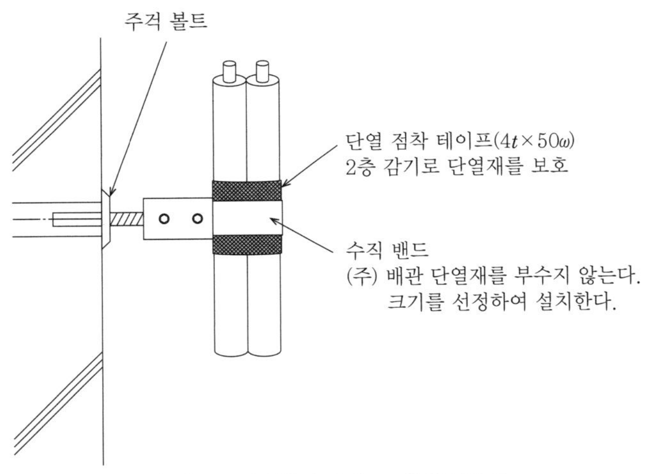

수직 밴드를 사용한 수직관 지지(진동 방지)

〔4〕 수직관의 고정

a) 수직관의 고정 수·고정 위치를 다음과 같이 나타낸다.

수직관의 길이	고정 수	고정 위치	특기
20m 미만	1군데 이상	특정하지 않는다	ϕ19.05 이하는 수직관 바로 근처 수평부에 하중받이가 있으면 고정은 불필요
20m~40m 미만	1군데 이상	직관의 중간점	관의 열신축을 상하 균등하게 둔다.
40m 이상	2군데 이상	고정 지점 사이가 20m 미만	2군데의 고정 지점 간에 열신축 대책(오프셋)을 한다

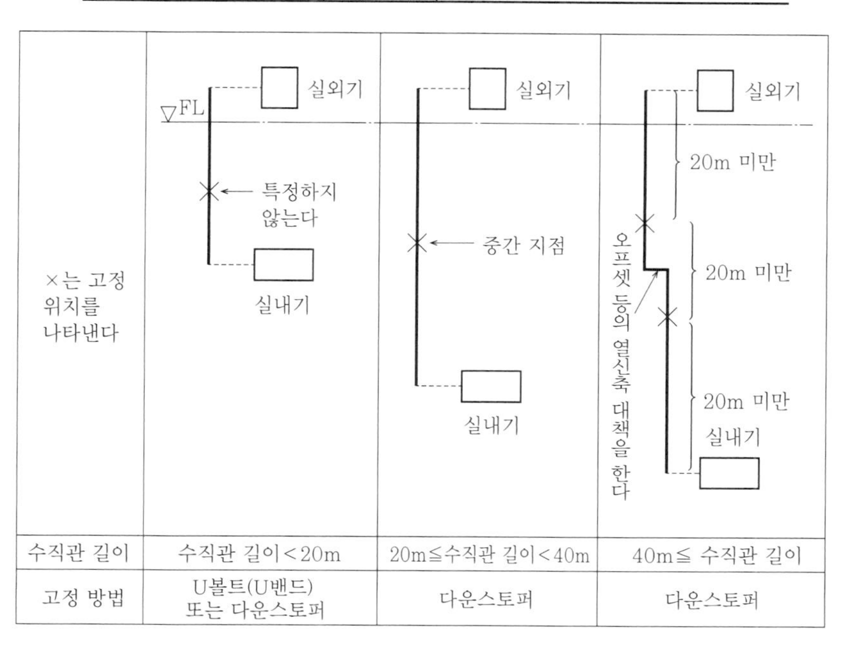

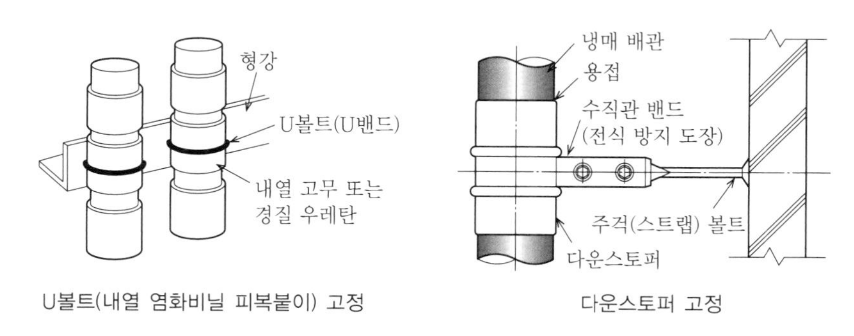

U볼트(내열 염화비닐 피복붙이) 고정　　다운스토퍼 고정

(주) 1. U볼트(U밴드)로 조인 후 결로가 생기지 않도록 보온 보수 처리를 한다.
2. 다운스토퍼를 용접으로 설치 후 기밀시험을 실시하고 나서 결로가 생기지 않도록 보온 보수 처리를 한다.

8-3 냉매 배관의 옥상 비둘기장 관통

〔1〕 옥상 화장 커버

a) 배관 화장(化粧) 커버에 의한 복수 냉매 배관 지지를 다음에 나타낸다.

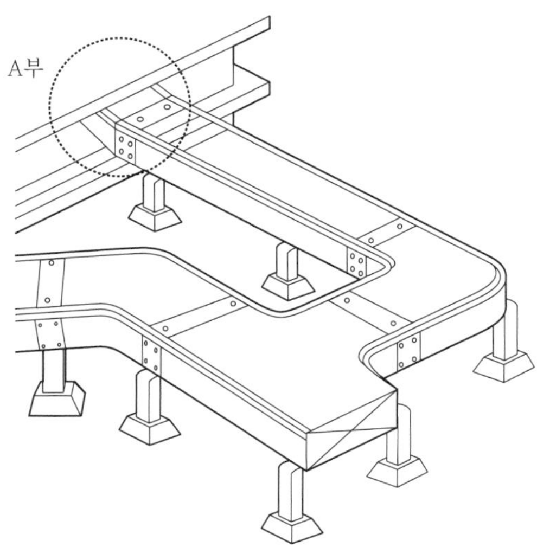

냉매 배관 화장 커버의 예

(주) 1. 화장 커버 상판은 점검을 위해 분해 가능할 것.
2. 상판에는 빗물의 체류를 방지하기 위해 양쪽 기울기를 잡는 예가 많다.
3. 유지보수 등으로 화장 커버에 올라가야 하는 곳에는 강도가 있는 논슬립 타입을 채용한다.
4. 수납하는 냉매 배관 개수가 많은 경우는 2단용 받이재를 설치하여 단열재의 파손을 방지한다.

〔2〕 비둘기장 관통

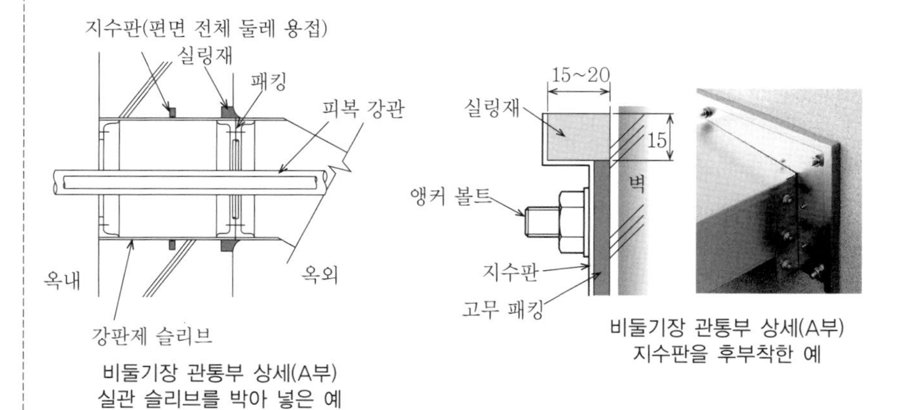

비둘기장 관통부 상세(A부)
실관 슬리브를 박아 넣은 예

비둘기장 관통부 상세(A부)
지수판을 후부착한 예

〔3〕 래킹 마무리

a) 래킹 마무리에 의한 단독 배관 지지를 다음에 나타낸다.

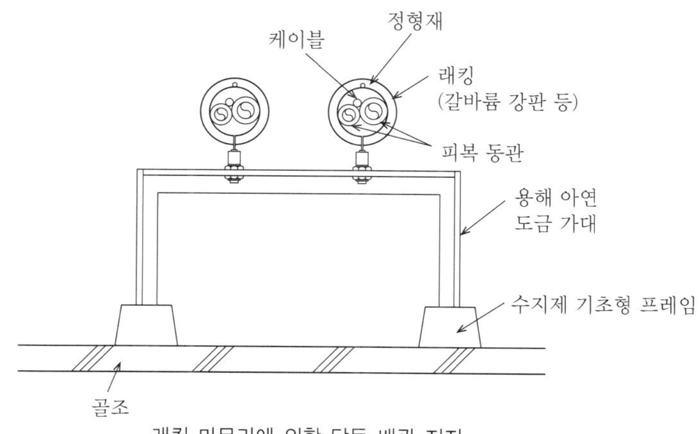

래킹 마무리에 의한 단독 배관 지지

〔4〕 실외기 접속

a) 배관 화장 커버~실외기의 접속을 다음과 같이 나타낸다.

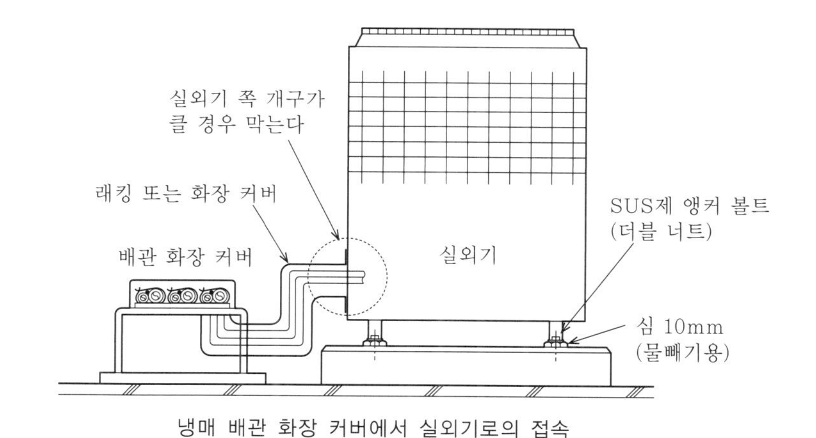

냉매 배관 화장 커버에서 실외기로의 접속

8-4 천장걸이 패키지 드레인 배관

(1) 관 지름의 선정

a) 배수관 지름의 간이 선정표를 다음과 같이 나타낸다.

관 지름(A)	빌딩용 멀티에어컨 대수
25	1대
32	2~4대
40	5~10대
50	11~15대
65	20대 이상

(주) 1. 횡주 주관·수직관은 한 대라도 32A로 한다.
2. 경사는 수직 내림으로 하고 65A 이하는 1/50 이상으로 한다.
3. 강관(백)을 사용하는 경우 배수용 커플링(드레인 나사 커플링)을 사용한다.
4. 염화 비닐관 또는 강관(백)을 사용하는 경우는 결로 방지를 위해 단열을 한다.

(2) 천장걸이 패키지 주위의 드레인 배관

a) 드레인 횡주 주관의 경사가 확보되어 천장 내 수납되는 경우

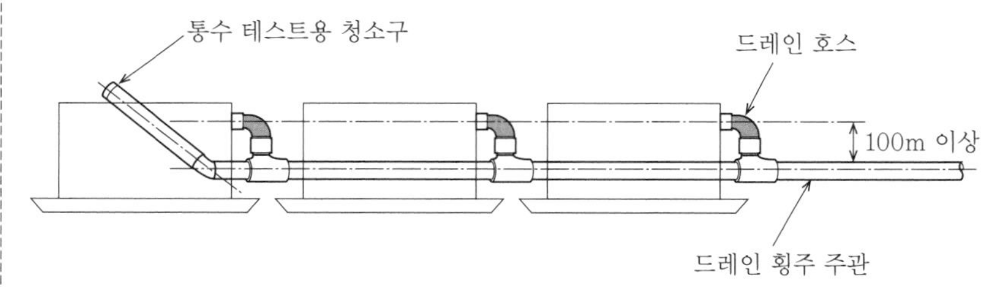

b) 드레인 횡주 주관이 실내기 드레인 출구보다 높은 위치에 있는 경우

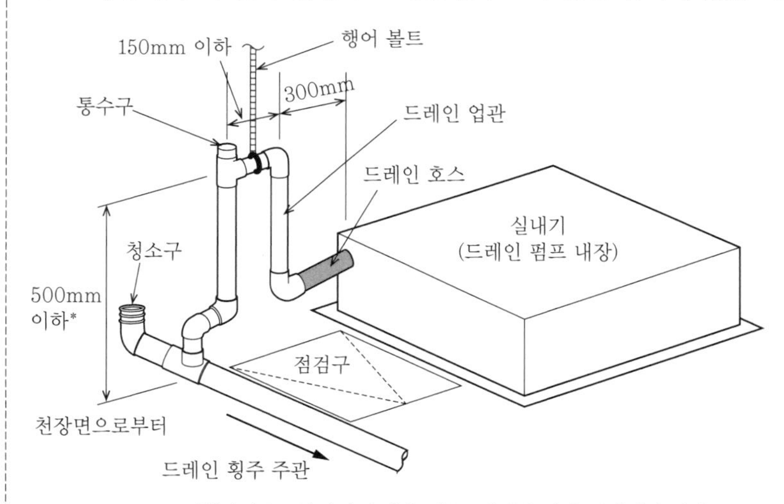

* 500mm(천장면으로부터의 올림 높이)는 업체에 따라 제한되어 있다.

9장 자동 계장

9-1 자동 계장(計裝)의 표시

(1) 배관과 배선

배관과 배선의 표시를 다음에 나타낸다.

명칭	기호	개요
천장 은폐 배선	————	(1) 천장 매립 배선과 천장 내 배선을 구별할 경우에는 천장 내 배선에 —·······—·······—를 사용해도 좋다.
노출 배선	- - - - - -	(2) 전선의 종류와 기호 IV 600V 비닐 절연 전선 HIV 600V 2종 비닐 절연 전선 CVV 제어용 비닐 케이블 CV 가교 폴리에틸렌 케이블 VVF 600V 비닐 절연 비닐 시스 케이블 평형 (통칭 F 케이블) VVR 600V 비닐 절연 비닐 시스 케이블 환형 (통칭 F 케이블) CVVS 차폐붙이 제어용 비닐 케이블 ECX 고주파 동축 케이블 FP 내화 전선 HP 내열 전선
바닥 은폐 배선	— — —	(3) 전선의 굵기는 다음과 같이 기입한다. 단위가 명확한 경우는 단위를 생략해도 좋다. 예 1 : 1.6 / 2 / $2mm^2$ 예 2 : ( ) 안은 전선관 지름 — IV 2□ ×3 (19) TH-1 (전선의 종류와 치수) ×(개수) (용도) 예 3 : 배관이 다수인 경우에는 평면도에 Ⓐ-Ⓐ′를 기입하고 여백에 전선의 내역을 기입한다.
바닥 노출 배선	—··——··—	(4) 전선 수는 —///— 와 같이 표시하고, 경우에 따라 숫자를 함께 적는다.
지중 매설 배선	—·——·—	

Ⓐ—Ⓐ′	
IV 2□ ×3 (19)	TH-1
CVVS 2□ -3C (19)	TE-1
IV 2□ ×6 (25)	MD

명칭	기호	개요
		(5) 전선의 접속점은 다음에 따른다.  (6) 전기 배선의 표시 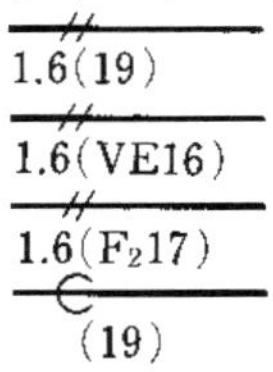 1.6(19) 강제 전선관의 경우 1.6(VE16) 경질 비닐 전선관의 경우 1.6($F_2$17) 2종 금속제 가동 전선관의 경우 (19) 전선이 들어 있지 않은 경우 (7) 케이블은 종류·굵기·선심 수를 함께 적고 필요에 따라 전압을 기입한다. 케이블의 종류는 600V 비닐 절연 비닐 시스 케이블의 평형을 VVF, 같은 환형을 VVR라고 한다. 예  : VVF1.6×3C VVR14×3C 1.6, 14는 굵기, 3C는 선심 수를 나타낸다. 단, 케이블의 종류, 굵기, 선심 수가 명확한 경우는 표시를 생략해도 좋다. (8) 공기 배관의 표시 i) 강관(노출) 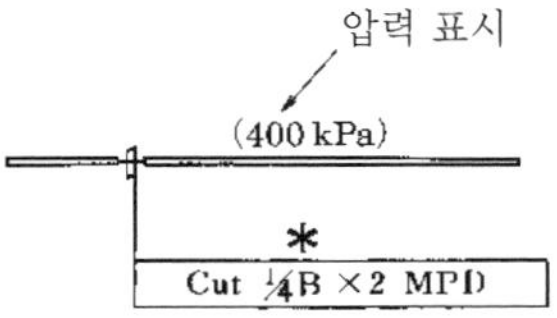 압력 표시 (400 kPa) * Cut 1/4B ×2 MPD * 사이즈는 인치(B)로 표시한다. ii) 가스관(SGP) 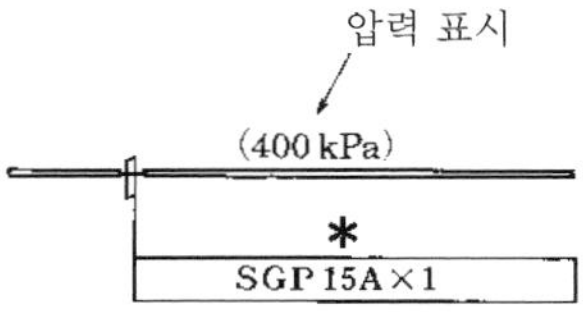 압력 표시 (400 kPa) * SGP 15A×1 * 사이즈는 mm(A)로 표시한다. iii) 동관 랙(동관 개수가 많은 경우) 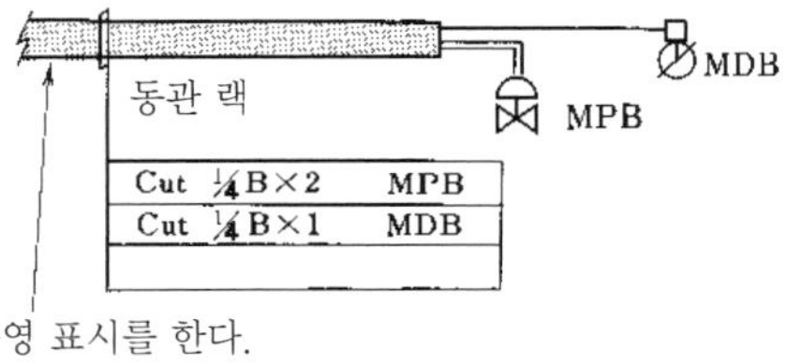 동관 랙 MPB MDB Cut 1/4B×2 MPB Cut 1/4B×1 MDB 음영 표시를 한다.
수직 올림 수직 내림 입관 (통과)	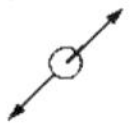	(1) 연락 상태의 표시가 필요한 경우는 대조 부호를 함께 기입한다. 예 : Ⓐa, Ⓑb, ············· (2) 동일 층의 수직 올림, 수직 내림은 표시하지 않는다. (3) 관, 선 등의 굵기를 기입한다. 단, 명백한 경우는 기입하지 않아도 된다. (4) 필요에 따라 공사 종별을 표기한다.

명칭	기호	개요
풀 박스 조인트 박스	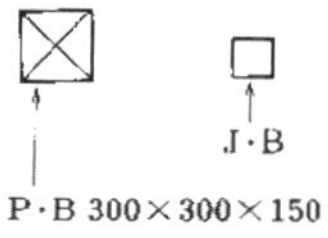 P·B 300×300×150 J·B	(1) 정사각형으로 표시하고, 원칙적으로 치수는 실치수로 나타내지만 형상이 작은 것은 축척에 구애받지 않는다. (2) 풀 박스 뚜껑 설치 방향의 표시 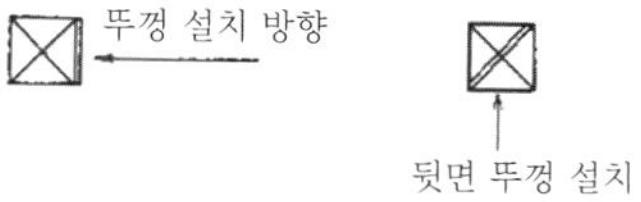 뚜껑 설치 방향 뒷면 뚜껑 설치

〔2〕 계장 기기

센서, 조작기 등의 표시 기호를 다음에 나타낸다.

명칭	계장도	평면도	명칭	계장도	평면도
(실내용) 온도 조절기 습도 조절기 온도 검출기 습도 검출기 리모컨 스위치 스피드 컨트롤러			전동 3방 밸브		
			전동 볼 밸브 전자 밸브		
			공기식 2방 밸브		
(덕트용) 온도 조절기 습도 조절기 온도 검출기 습도 검출기 노점 온도 검출기			공기식 3방 밸브		
			전기식 댐퍼 조작기		
(배관용) 온도 조절기 온도 검출기			공기식 댐퍼 조작기		
			각종 변환기		
압력 발신기			보조 릴레이		
차압 발신기			각종 지시 조절기		
차압 스위치			변압기		
유량계 양수기 가스미터					필요에 따라 기구기호를 추가 기입한다.
전동 2방 밸브 전동 버터플라이 밸브					(예) T-1

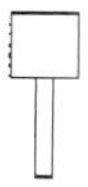

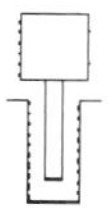

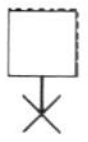

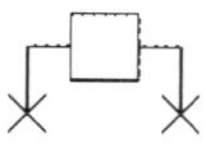

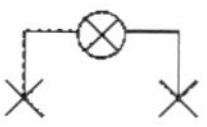

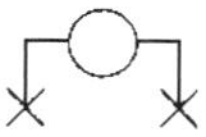

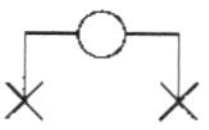

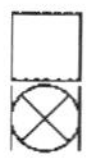

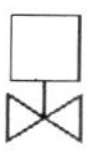

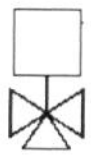

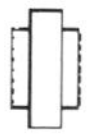

(3) 제어반

공조용 자동 제어반 및 관련 전기 설비 동력반의 기호는 다음과 같다.

명칭	기호	개요
공조용 자동 제어반	(기호)	(전등반에도 같은 기호가 사용된다)
	(기호)	중앙감시반
	(기호)	배전반
	(기호)	동력반(별도 공사의 경우는 파선)

(4) 전기 기기

기기에 사용되는 기호는 다음과 같다.

명칭	기호	명칭	기호
전동기	M	플로트 스위치	⊙F
전열기	H	플로트리스 스위치 전극	⊙LF
환기팬	(기호)	압력 스위치	⊙P
지진 감지기 (필요에 따라 동작 특성을 표기)	EQ	전력량계 박스	Wh
전자 개폐기용 누름 버튼	⊙B		

9-2 문자 기호와 명칭

플랜트 계장도용 기호는 JIS에 정해져 있으나, 공조용은 제조사 기호가 많이 쓰인다. 기본적으로는 JIS에 준하고 있다. 설비 업계에서는 후자의 기호가 통용되므로 둘 모두의 계장도 읽는 법, 그리는 법을 소개한다. 이외에 국토교통성의 기계 설비공사 표준도에 따른 것도 있다.

(1) 검출부, 조절부

검출부, 조절부는 다음의 ①, ②, ③으로 되어 있다.

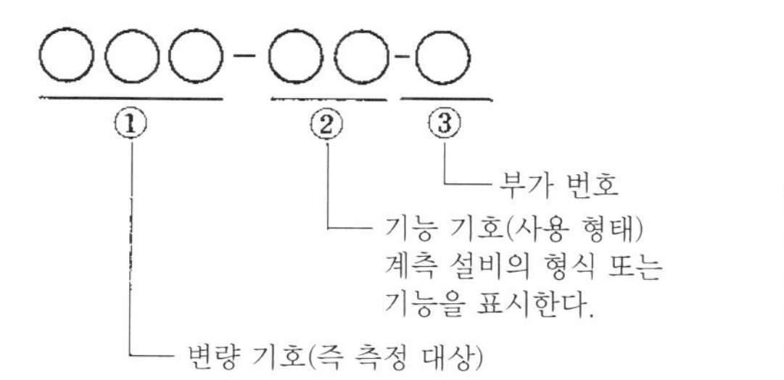

예
온도 지시 조절계 TIC-○
온도 검출기 TE-○
압력 검출기 PE-○
레벨 검출(전극봉) LE

①의 기호(1~3문자)는 변량(측정 대상)을 나타낸다.

JIS		공조용	
변량 기호	변량	변량 기호	변량
A	조성 또는 품질	CO_2	탄산 가스
C	도전율	CW	전도도(냉각수)
D	밀도 또는 비중	$P_d(\Delta p)$	차압(실내압)
E	전기적 양	DT	노점 온도
F	유량	F	유량(풍류, 수량)
L	레벨	H	습도
M	온도, 수분 또는 습분	L	레벨(물, 기름)
P	압력 또는 진공	P	압력(헤더압)
S	속도, 회전수 또는 주파수	Q	칼로리
T	온도	T	온도
U	불특정 또는 다종 변량	TH	온습도
V	점토	E	진동(지진)
W	중량 또는 힘	$T_d(\Delta T)$	온도차

CO_2, O_2 등의 화학 기호는 그대로 변량 기호로 사용해도 좋다.
pH는 수소이온 농도의 변량 기호로 사용해도 좋다.

②의 기호(1~2문자)는 계측 설비의 형식 또는 기능을 나타낸다.

기호는 다음 페이지에 나타낸다.

③의 기호는 ①, ②가 공통이며 종류의 차이를 나타낸다

예 : T-1 T675A(2위치식), T-2 T991A(비례식)

조작부 기호

JIS		공조용	
기능 기호	계측 설비의 형식 또는 기능	기능 기호	계측 설비의 형식 또는 기능
A	경보	C	현장 조절기(TC : 온도 조절기)
C	조절	D	덕트 삽입 또는 검출
E	검출		(ED : 감진기), 조절기
G	감시	E	검출(TE : 측온체)
H	수동	EW	검출(TEW : 배관 삽입형 측온체)
I	지시	ED	검출(TED : 덕트 삽입형
K	계산기 제어		측온체)
L	로깅	M	F와 조합하여 미터
P	시료 채취 또는 측정점		(FM : 유량계)
Q	적산	S	F 또는 Q와 조합하면 적산계
R	기록		(FS : 유량 적산계)
S	시퀀스 제어	S	상기 이외에는 주요 스위치
T	전송 또는 변환		(TS : 온도 스위치)
U	불특정 또는 다종의 기능		
V	밸브 등의 조작		
Y	연산		
Z	안전 또는 긴급		
X	그 밖의 형식 또는 기능		

〔2〕 조작부

조작부의 기호는 다음의 ①, ②로 되어 있다. 다음은 일반적으로 이용되고 있는 예이다.

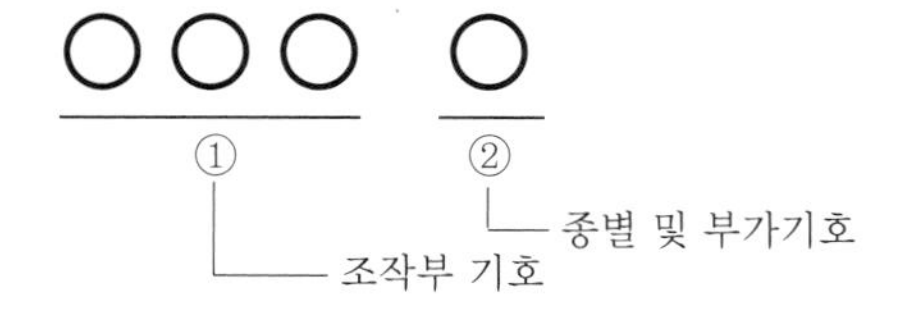

조작부 기호

기호	명칭	기호	명칭
A	댐퍼 링키지	MRA	스프링 리턴 모터
BV	볼 밸브		(전기식)
BFV	버터플라이 밸브	MRB	스프링 리턴 모터
C	밸브 링키지		(전자식)
F	밸브 링키지	MY	UC용 모듀트롤 모터
	(스프링 리턴용)	QN	액셔네이터 모터용
INV	인버터		어셈블러
MB	액셔네이터 모터	SD	스크롤 댐퍼
	(고출력, 밸브용)	SV	전자 밸브
ME	모듀트롤 모터(전기식)	V_2	2방 밸브
MF	모듀트롤 모터(전자식)	V_3	3방 밸브
MH	하이토크 모터	MP	공기식 조작기
	(고출력, 댐퍼용)		

유체 종별(전자 밸브에 많이 쓰인다)

A : 공기, O : 오일, S : 증기, W : 물

9-3 공기 조화기 주변 자동 계장도

냉온수 코일에 의한 냉각(가열), 증기 가열, 롤 필터로 구성되는 공조기 주변의 자동 계장도의 투시도, 평면도, 계통도를 아래에 나타낸다.

〔1〕 계장 투시도

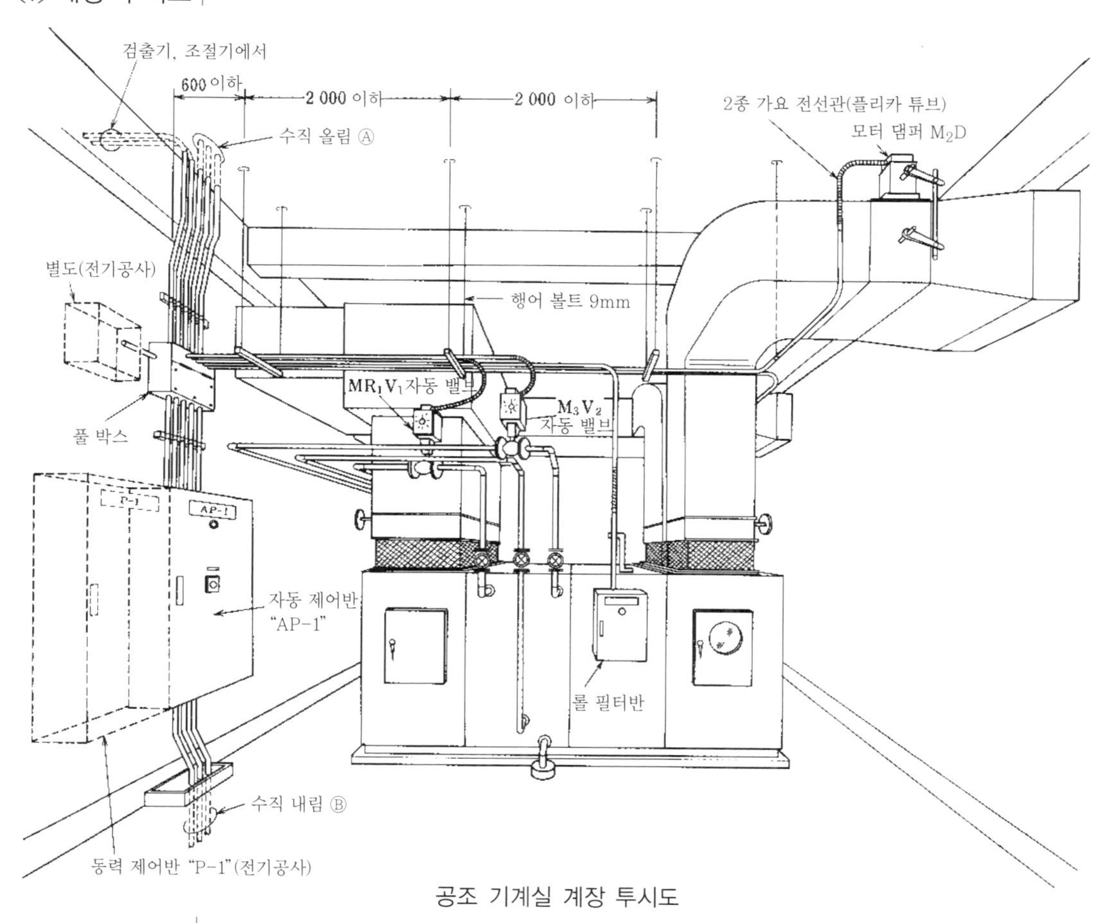

공조 기계실 계장 투시도

(주) 사용한 기호는 국토교통성「기계설비공사표준도」에서 적용했다.

MR_1V_1	자동 밸브(전기식 2위치 스프링 리턴·단좌 2방 밸브·증기용)
M_3V_2	자동 밸브(전기식 비례·복좌 2방 밸브·냉온수용)
M_2D	댐퍼용 조작기(전기식 2위치)
T_7	온도 조절기(전기식·실내형 비례·냉온 전환기구붙이 15~30℃)
TE_1	온도 검출기(전자식·실내형·계측용 0~40℃)
H_1	습도 조절기(전기식·실내형 2위치식·가습용 35~75% RH)
HE_2	습도 검출기(전자식·실내형·계측용 35~75% RH)

〔2〕 계장 평면도

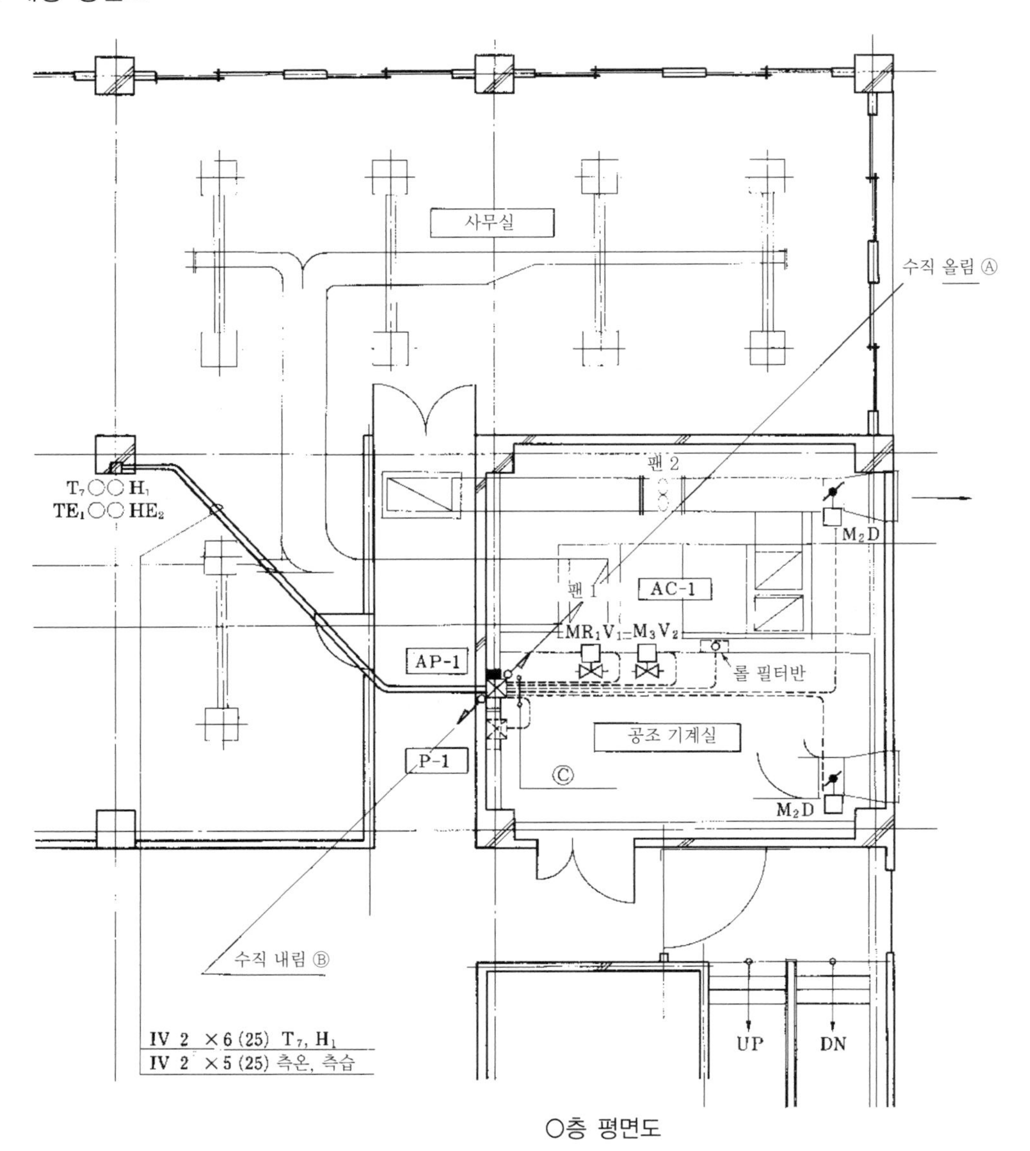

O층 평면도

수직 올림 Ⓐ

IV 2□×10 (31)경보

CVV 2□−3C×2 (31)측온

ECX 5C−2V×2 (31)측습

수직 내림 Ⓑ

IV 2□×12 (31)경보

CVV 2□−3C×3 (39)측온

ECX 5C−2V×3 (39)측습

Ⓒ

IV 2□×3 (19)MR_1V_1

IV 2□×5 (25)M_3V_2

IV 2□×2 (19)롤 필터 경보

IV 2□×3 (19)M_2D

IV 2□×3 (19)M_2D

IV 2□×2 } (25) 인터록 전원
IV 2□×2 } AC 100V

〔3〕 계장 계통도

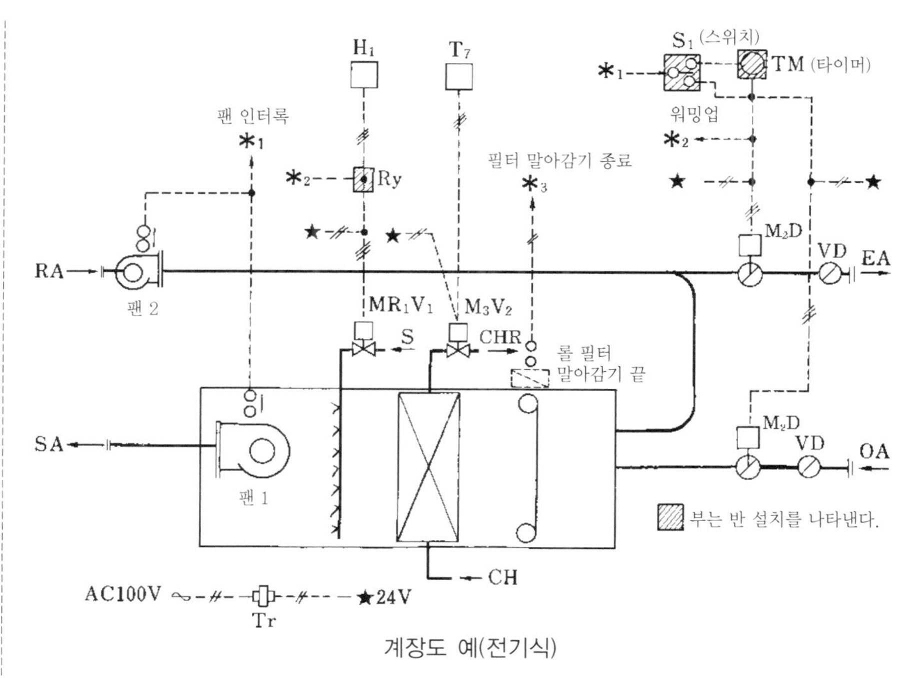

계장도 예(전기식)

〔4〕 검출기 설치 요령 예

배관, 덕트에 많이 설치하는 측온 저항체, 온도 조절기의 설치 요령도를 다음에 나타낸다.

a) 측온 저항체(배관 삽입)

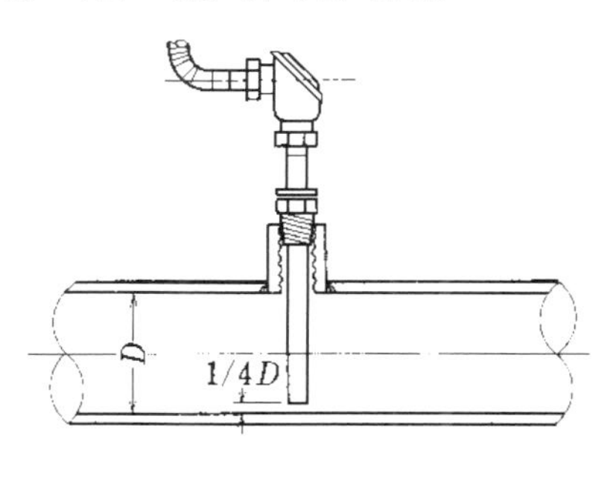

b) 측온 저항체(덕트 삽입)

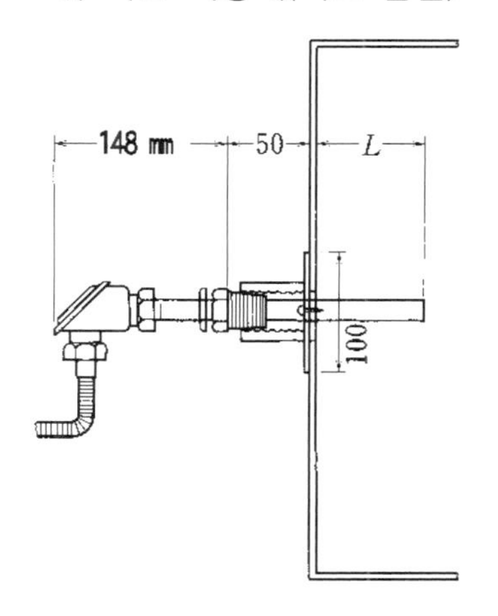

c) 온도 조절기(덕트 삽입)

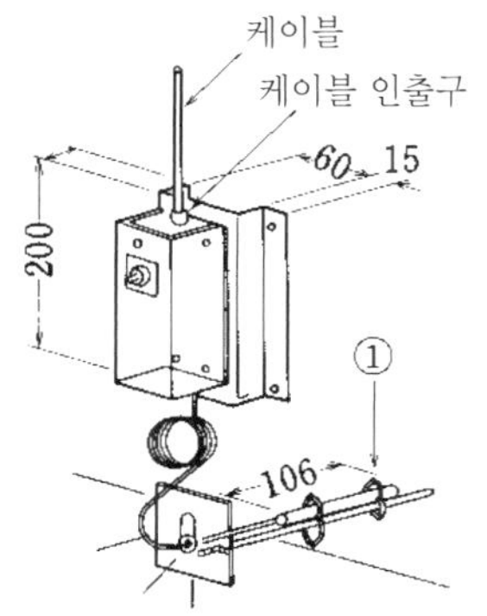

기기 배치와 스페이스

10-1 기계실의 종류와 기기의 배치

〔1〕 기계실의 종류

설비 기계실은 건물의 심장부라고도 할 수 있으며 그 역할은 크다. 공조 설비의 기계실을 설치하는 기기를 중심으로 구분하면 다음 표와 같다.

기계실의 종류		주요 설치 기기
공기조화기계실	열원 기계실	냉동기, 냉온수 발생기, 보일러, 열교환기, 제어반 등
	보일러실	보일러, 헤더, 환수 탱크, 수처리 장치, 펌프, 제어반 등
	공기조화실	공기조화기, 송풍기, 에어 필터, 전열 교환기, 제어반 등
	송풍기실	송배풍기, 에어 필터, 전열 교환기, 제어반 등
	배연기실	배연기, 제어반 등
오일 탱크실		연료용 오일 탱크
중앙 감시실		각 설비의 감시 제어장치
옥상·옥탑		냉각탑, 펌프, 팽창 탱크, 냉각수 수처리 장치, 제어반 등

〔2〕 기기 배치 상의 주의 사항

기기를 배치할 때는 유지·관리가 용이하도록 하는 것이 중요하다. 또한 스페이스는 필요 최소한으로 억제해야 하지만, 건축 계획에 밀려 공기조화 본래의 기능을 훼손해서는 안 된다. 그러기 위해서는 사전에 기계실의 놓임새를 검토하고, 고객·설계사무소와 충분히 협의를 할 필요가 있다. 기기의 배치와 스페이스 전반에 대해서는 12장의 체크리스트에서 확인할 것.

〔3〕 기기 배치의 실제

a) 열원 기계실

열원 기계실에는 냉동기, 각종 펌프, 냉온수 헤더, 열교환기, 고압 배전반이나 제어반 등이 배치된다. 이들 기기들 주변에는 조작·점검을 위한 스페이스를 충분히 잡는 동시에 냉동기의 튜브 인출 스페이스나 반 출입구(머신 해치) 및 통로를 확보하는 것이 특히 중요하다.

또한 열원 기계실은 전기실 위생 기계실 등과 접하는 경우가 많고, 실내에는 전기의 간선, 급배수·소화 등의 주관이 지나기 때문에 시공도에서 충분히 협의할 필요가 있다. 냉동기 주위의 기기 배치와 소요 스페이스를 다음 페이지에 나타낸다.

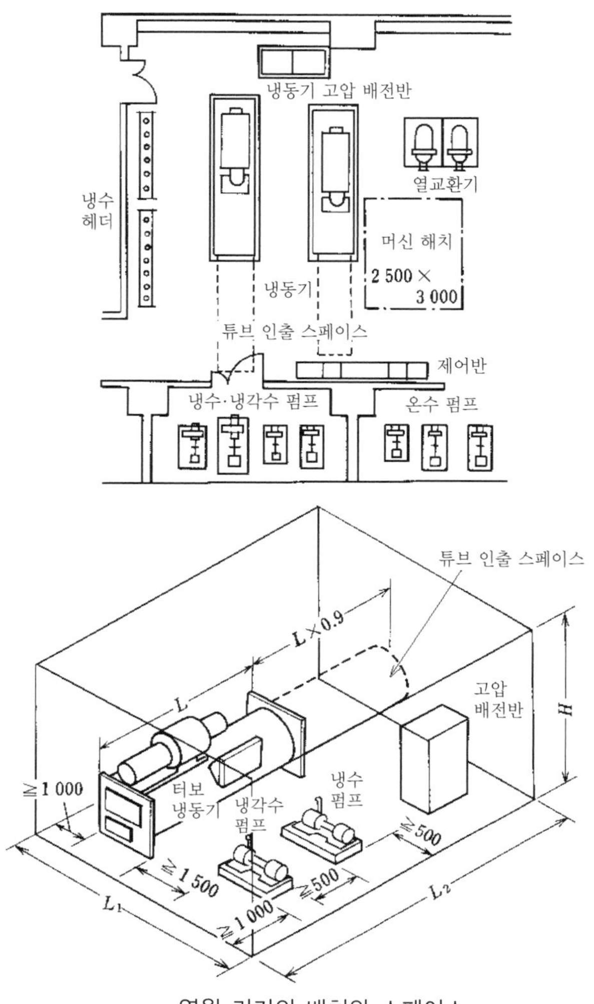

열원 기기의 배치와 스페이스

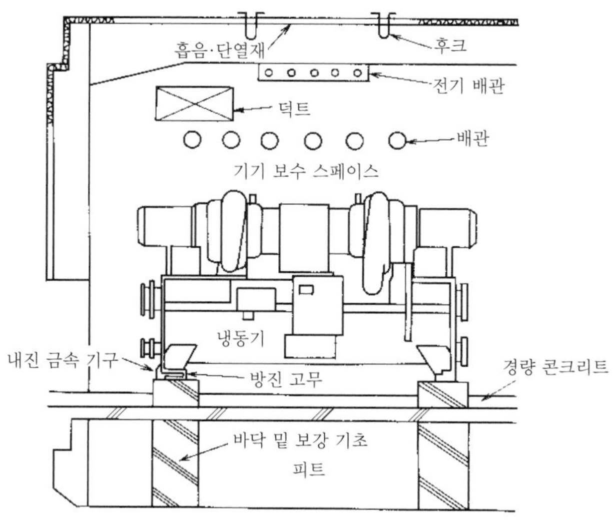

냉동기의 바닥 밑 보강 기초와 상부 스페이스

b) 보일러실

보일러실에는 보일러 이외에 급수 펌프, 환수 탱크, 경수 연화 장치, 증기 헤더 등이 배치된다. 열원 기계실과 같은 이유에서 주변 스페이스를 충분히 확보해야 하지만, 특히 보일러는 사용 연료, 사용 압력, 전열 면적 등에 따라 **노동기준법, 소방법 등에 적용되어 주변의 스페이스에 규제를 받는다.** 노통 연관 보일러의 경우는 앞면에 튜브 인출 스페이스를 확보한다. 보일러실의 기기 배치와 소요 스페이스를 다음에 나타낸다.

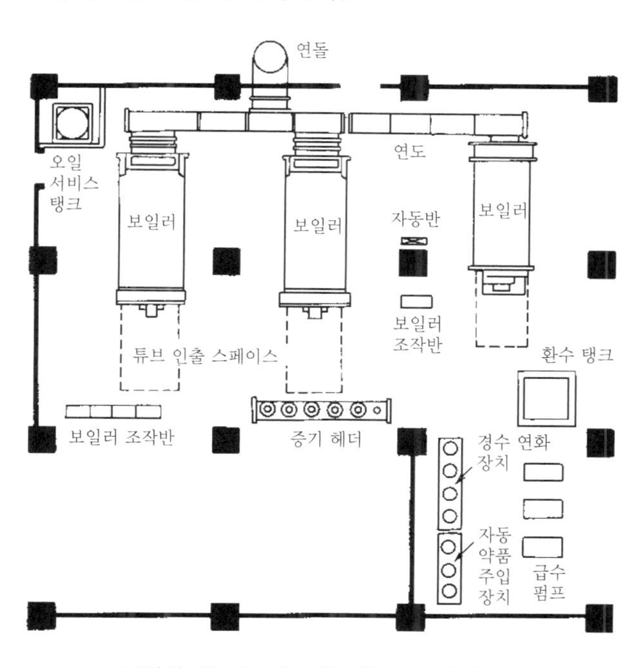

보일러 및 보조기기의 배치와 스페이스

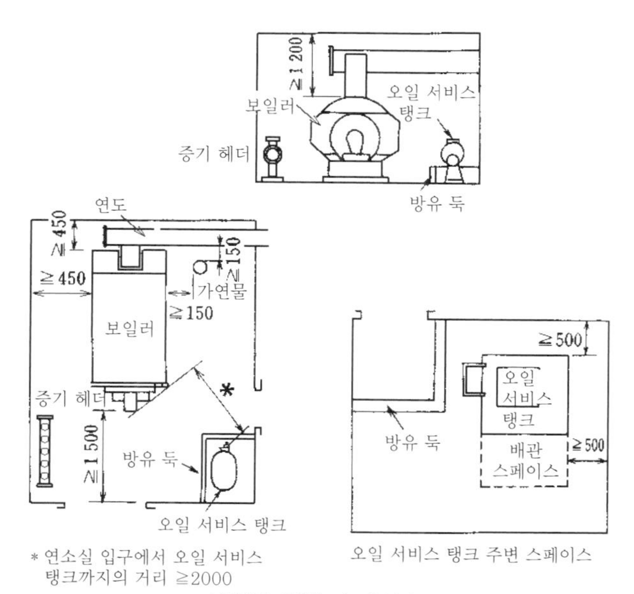

보일러 주변 스페이스

c) 공기조화실(송풍기실)

공기조화실에는 공기조화기, 송·배풍기 등의 기기와 덕트, 배관류가 배치된다. 이들 설비 스페이스를 확보하는 동시에 댐퍼, 밸브, 자동제어기기 등의 조작·점검 및 에어 필터의 여과재 교환, 송풍기의 베어링이나 벨트 교환이 필요하므로 다음에 나타내는 스페이스를 확보하는 것이 바람직하다.

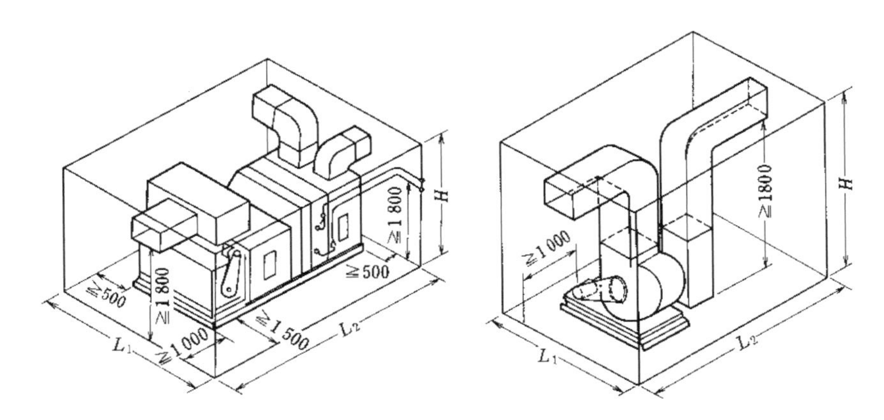

공기조화기 및 송풍기의 설치 스페이스

d) 옥상

옥상에는 냉각탑, 펌프, 탱크류, 냉각수 수처리 장치 등이 배치되지만 여기서는 냉각탑의 설치에 대하여 설명한다.

먼지, 매연, 열풍, 부식성 가스가 많은 장소, 특히 연돌·배기구 가까이에 설치하는 것은 피하고 냉각탑으로의 공기 도입과 배출이 원활한 장소를 선정한다. 또한 냉각탑으로의 배관 스페이스와 점검, 청소가 용이하도록 스페이스를 충분히 확보한다. 특히 여러 대 설치하는 경우는 냉각탑끼리의 이격 거리에 대하여 검토해야 한다.

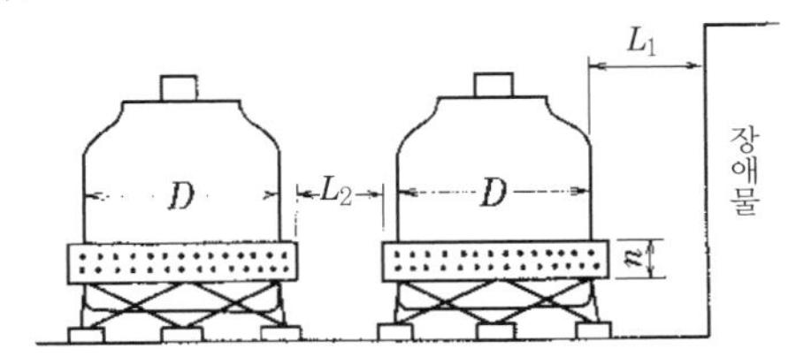

냉각탑의 배치와 냉각탑 간의 거리

(주) L_1, L_2는 냉각탑 형식, 냉각 용량 등에 따라 정해져 있으므로 업체에 확인할 것.

슬리브, 인서트, 설비 복합도

11-1 슬리브

(1) 종류와 표시

a) 사용 장소나 용도에 따라 구분하여 사용한다. 일반적으로 많이 사용되고 있는 슬리브는 다음과 같다.

재질	슬리브명	사용 장소	용도
목제	박스	벽·바닥	사각 덕트
종이제	원형(보이드)	벽·바닥·보	배관, 원형 덕트
철제	철판 슬리브	벽·바닥·보	배관, 원형 덕트
	검은 가스관 슬리브(칼라붙이)	외벽	배관
	실관 슬리브(배관용)	벽·보	배관
	실관 슬리브(덕트용)	벽·보	사각 덕트
염화비닐제	염화비닐관	벽·보	축열조의 연통관

b) 보, 벽, 바닥에 설치하는 슬리브의 표시는 다음과 같다.

형상 / 장소	둥근형	사각형
보	⊗	▶◀
벽	○	⊠
바닥	◍	▨

(2) 설비별 심벌마크

슬리브도는 설비 업체가 놓임새를 검토 후 작성하기 때문에 그 확인과 건축의 철근 보강 등을 생각하면 한 장의 도면에 각 업체가 직접 기입하는 것이 편리하며 공기조화기 이외의 슬리브를 도면에서 전부 알 수 있으므로 실수를 방지할 수 있다. 설비별 심벌마크는 다음과 같다.

공기조화 설비	위생 설비	전기 설비	에어 슈터
Ⓐ	Ⓟ	Ⓔ	(A.S)

○의 직경은 5mm로 한다.

(3) 개구(開口) 치수

a) 덕트와 배관 슬리브의 개구 치수 기준을 다음에 나타낸다.

내용	개구 치수
사각 덕트(긴변 1,500 미만) 원형 덕트	덕트 치수+100
사각 덕트(긴 변 1,500 이상)	덕트 치수+100~150
배관(나관)	관 지름+50~100
배관(보온 있음)	보온 외경+50

b) 개구 폭 W가 1,500mm를 넘을 경우 아래의 오른쪽 도면과 같이 박스를 분할하여 박스 하단에 콘크리트가 충분히 돌도록 한다.

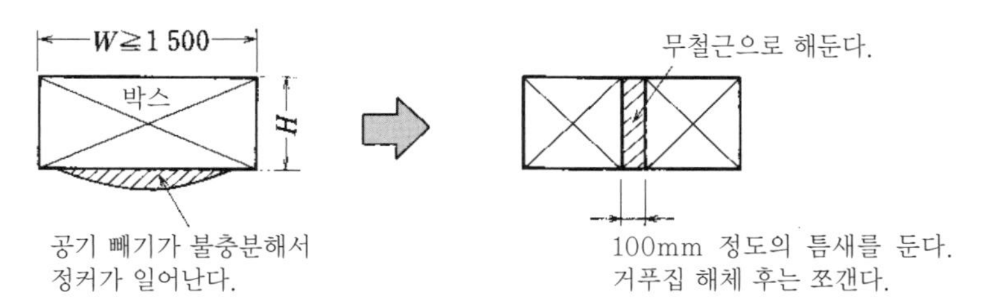

〔4〕 슬리브의 기입 방법

a) 벽과 바닥의 슬리브 치수 표시

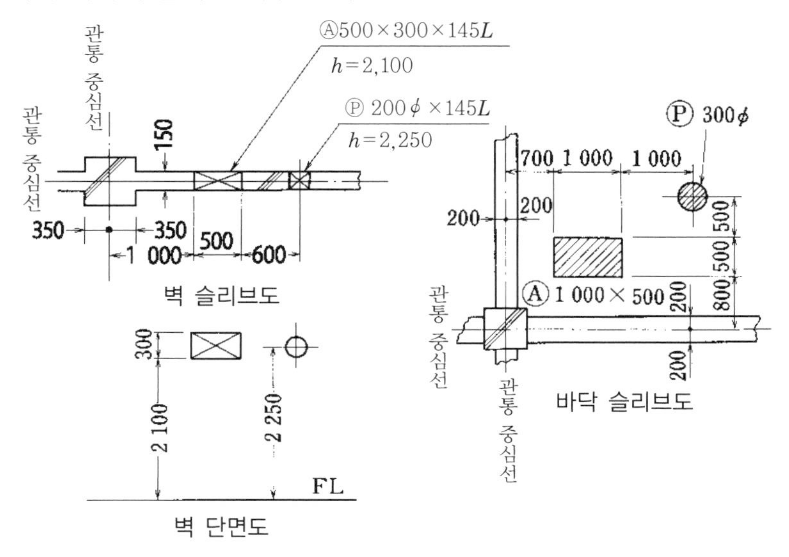

b) 기입상의 요점

(1) 슬리브의 치수와 높이는 다음에 나타내는 요령으로 기입한다.

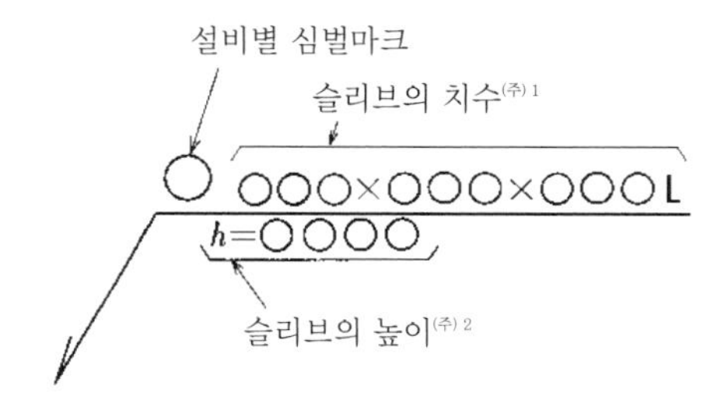

(주) 1. 박스 슬리브 치수는 $W \times H$로 기입한다
둥근 슬리브 치수는 ○○○φ로 기입한다.
슬리브의 길이는 벽(보) 두께 −5mm로 한다.
바닥의 덕트 실관 슬리브 높이는 슬리브 두께 +50mm로 한다.

2. 박스 슬리브는 슬리브 하단에서, 둥근 슬리브는 슬리브 중심에서 FL로부터의 높이로 하고, 표시는 h=○○○○으로 기입한다.

(2) 인접 치수는 박스 슬리브는 면에 기입하고 둥근 슬리브는 중심선에 기입한다.

(3) 벽 슬리브가 상하로 겹치면 평면도만으로는 이해하기 어렵기 때문에 부분적으로라도 반드시 단면도를 그리도록 한다.

〔5〕 인접 치수 기입상의 주의

a) 관통 중심선으로부터의 치수로 표시한다. 그때 관통 중심선으로부터 기둥면(또는 벽면)까지의 치수도 함께 기입해 둔다.

이유 : 현장의 거푸집에서는 관통 중심선이 확실하지 않다. 그대로 관통 중심선으로부터 도시하면 계산하면서 기준선을 표시하게 되어 미스가 일어나기 쉽다. 작업자의 능력과 효율 측면에서도 반드시 그림 A로 한다.

b) 관통 중심선의 양측으로부터 인접 치수를 표시한다.

이유 : 거푸집 공사가 관통 중심선의 어느 쪽부터 시공하는지 직전이 아니면 모르는 경우가 많기 때문이다.

c) 인접 치수는 **그림 A**와 같이 관통 중심선으로부터 관통 중심선까지 하나로 긋고 거기에 인접 치수를 기입한다. 마지막에 그 합계 값이 스팬 치수와 합치하는지를 확인한다. 그림 B와 같이 적은 도면은 번잡하기 때문에 바람직하지 않다.

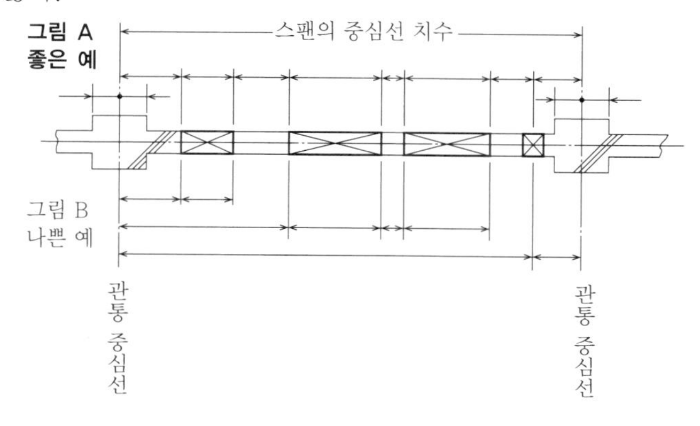

11-2 인서트

(1) 종류와 특징

인서트는 덕트, 배관 및 현수용 기기(송풍기, 코일)의 행어 볼트를 고정하기 위해 콘크리트 타설 전에 바닥 또는 보에 매립하는 금속 삽입물이다. 대표적인 인서트류의 종류와 특징은 다음과 같다.

종류	특징
고정식 인서트	일반적으로 널리 사용되고 있으며 일반 거푸집용, 단열 슬라브용, 덱 플레이트용 등이 있다. 나사 지름은 9mmϕ, 12mmϕ가 많이 사용된다.
홀 인 앵커	상기 인서트를 사용할 수 없을 때, 또한 보의 옆면이나 벽에 지지 기구를 설치할 때 사용된다.
비녀형 앵커	L자형, T자형 등이 있고 중량물 지지용으로 사용된다.

(2) 인서트의 표시

가장 많이 사용되고 있는 인서트류의 표시를 다음에 나타낸다.

a) 고정식 인서트(일반 거푸집, 덱 플레이트용)의 표시

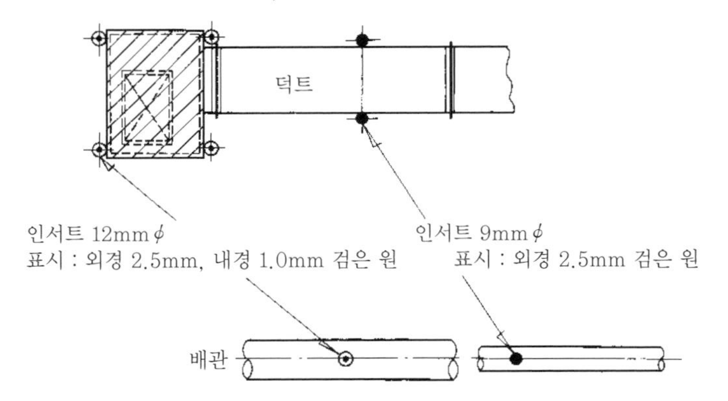

b) 단열 슬라브용 인서트의 표시 ——,

인서트 마크 전체를 삼각으로 둘러싼다.

c) 비녀형 앵커의 표시 ——, ⊗

인서트 마크에 ×표를 한다.

인서트도에 사용하는 원지(原紙)

덕트 및 배관 시공도의 제2원도를 작성하고, 그것에 인서트를 기입하여 인서트도 원지로 하는 방법이 가장 많이 채용되고 있다. 그렇게 하면 각 인서트의 용도를 이해하기 쉽다.

그러나 복잡한 시공도의 경우에는 골조도를 새로 트레이싱하여 인서트 전용 도면을 만들어야 한다.

어느 쪽이든 명확해서 보기 쉬운 도면일수록 빠르고 정확하게 이해할 수 있고, 설치 실수를 방지할 수 있다.

〔3〕 인서트의 간격

a) 최대 수평 지지 간격

덕트 및 배관의 지지 간격은 설계사무소나 종합건설업자에 따라 다소 다르므로 시방서에서 확인한 후 작도한다. 참고로 덕트와 배관의 최대 수평 지지 간격을 다음 표에 나타낸다.

사각 덕트의 최대 수평 지지 간격[mm] (출처 : SHASE-S010)

덕트의 긴변	현수 금구		진동 멈춤 쇠붙이(최소)	앵글 플랜지 공법 지지 간격 [국토교통성]	공판 플랜지 공법 지지 간격 [국토교통성]
	산형강 치수	봉강 호칭 지름	산형강 치수		
~45	25×25×3	9	25×25×3	3,680[3,640]	3,000[2,000]
451~ 750	25×25×3	9	25×25×3	3,680[3,640]	3,000[2,000]
751~1,500	30×30×3	9	30×30×3	3,680[3,640]	3,000[2,000]
1,501~2,200	40×40×3	9	40×40×3	3,680[3,640]	3,000[2,000]
2,201~	40×40×5	9	40×40×5	3,680[3,640]	- [-]

(주) 1. 본서에서는 앵글 플랜지 공법의 최대 수평 지지 간격 3,680⇒3,600으로 했다.
2. 주 기계실 등에서 시공 중에 외적 하중이 예상되는 장소에서는 450mm 이하의 소형 덕트, 공판 플랜지 공법 덕트의 수평 지지 간격은 2,000mm 이하, 그 이외의 덕트도 2,500mm 이하가 바람직하다.
3. 횡주 주 덕트는 12m 이하마다 또한 말단부에 형강 진동 멈춤 지지를 설치한다. 또한 보 관통부 등 진동을 방지할 수 있는 개소는 진동 멈춤으로 간주해도 좋다.

스파이럴 덕트의 최대 수평 지지 간격 [mm] (출전 : SHASE-S010)

덕트의 내경	매닮 쇠붙이		지지 쇠붙이	지지 간격 [국토교통성]
	형강 치수	봉강 호칭경	신형강 치수	
~1,250	25×3	9	25×25×3	3,000[4,000]

(주) 1. 대형일 때는 2점 매달기로 한다.
2. 소구경 스파이럴 덕트(300mmφ 이하)의 은폐부에는 현수 금구에 두께 0.8mm 이상의 아연철판을 띠상으로 가공한 것(통칭 : 유니밴드)을 사용한다.
3. 횡주 주 덕트는 12mm 이하마다 또한 말단부에 형강 진동 멈춤 지지를 설치한다. 또한 보 관통부 등 진동을 방지할 수 있는 개소는 진동 멈춤으로 간주해도 좋다.

배관의 최대 수평 지지 간격 (출처 : SHASE-S010)

관 종	관경과 지지 간격[m] 및 매달기 볼트 지름[mm]															
강관	호칭경 (A)	15	20	25	32	40	50	65	80	100	125	150	200	250	300	
	지지 간격[m]	2.0					3.0									
	봉강 호칭경	9									12				16	
일반 배관용 스테인리스 강관	호칭경(Su)	13	20	25	30	40	50	60	75	80	100	125	150	200	250	300
	지지 간격[m]	2.0										3.0				
	봉강 호칭경	9									12					
경질 폴리염화 비닐관	호칭경(A)	13	16	20	25	30	40	50	65	75	100	125	150	200	250	300
	지지 간격[m]	1.0						1.2	1.5		2.0					
	봉강 호칭경	9														12
형강 진동 멈춤 지지 간격 [국토교통성]	호칭경(A)	15	20	25	32	40	50	65	80	100	125	150	200	250	300	
	강관 스테인리스강	-						8.0m 이하			12.0m 이하					
	호칭경(A)	13	16	20	25	30	40	50	65	75	100	125	150	200	250	300
	경질 폴리 염화비닐관	-			6.0m 이하			8.0m 이하				12.0m 이하				

(주) 냉매 배관의 수평 지지 간격 및 형강 진동 멈춤 지지 간격은 8장에 기재했다.

b) 필터에서의 거리

인서트의 나사 지름을 9mmϕ, 12mmϕ로 구별한 이격 치수를 다음에 나타낸다.

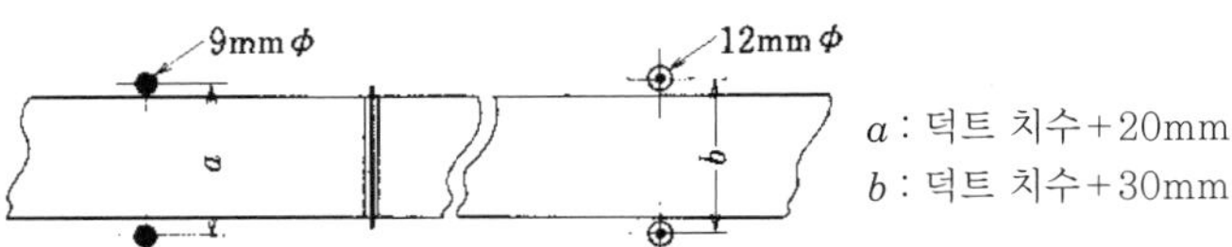

단, a, b의 치수는 기준을 정하고, 인서트도에는 기입하지 않는다.

〔4〕 인서트의 허용 하중

인서트류의 허용 하중을 다음에 나타낸다.

현수물의 중량을 충분히 확인하고 아래 표의 값을 초과하지 않도록 한다.

인서트류의 허용 하중 (참고) [kg]

종류 \ 나사 지름(mm)	9ϕ (3/8″)	12ϕ (1/2″)	15ϕ (5/8″)	19ϕ (3/4″)	안전율
덱 플레이트용 인서트	5,700	–	–	–	4
고정식 인서트	300	400	–	–	3
후시공 앵커	300	400	–	–	3
비녀형 앵커	600	1,070	1,780	2,670	3

(비고) 바닥 콘크리트는 4주 강도(압축강도) 18N/mm^{2}을 기준으로 한다.

〔5〕 인접 치수 기입상의 주의

a) 관통 중심선으로부터의 치수로 기입한다. 그때 관통 중심선에서 보의 면(또는 벽면)까지의 치수도 함께 기입해야 된다.

이유 : 현장의 거푸집 슬래브상에서는 관통 중심선이 명확하지 않다. 관통 중심선으로부터 도시하면 계산하면서 작업해야 해서 실수를 초래하기 쉽다. 작업자의 능력·효율을 위해 우측 도면으로 한다.

b) 관통 중심선의 양측으로부터 인접 치수를 나타낸다.

이유 : 거푸집 공사가 관통 중심선의 어느 쪽으로부터 시공해 올지 공사 직전이 아니면 모르는 것이 많기 때문이다.

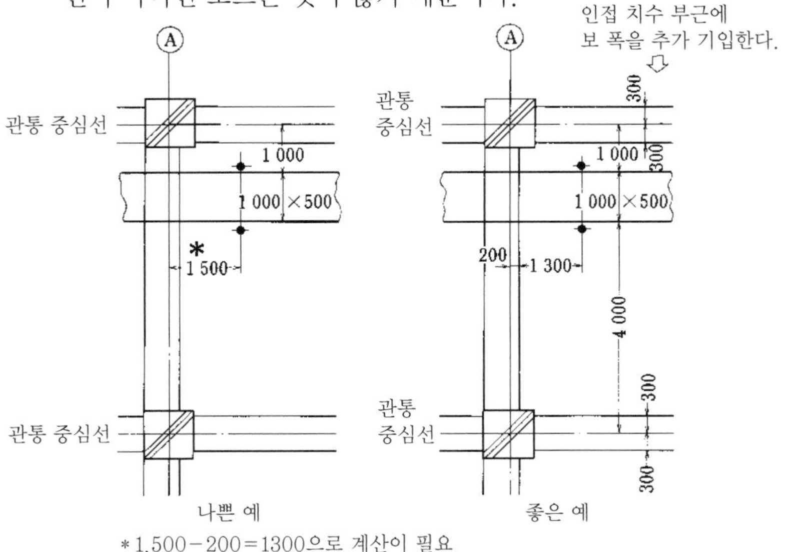

* 1,500−200=1300으로 계산이 필요

〔6〕 덕트의 인서트 기입 예

a) 분기부

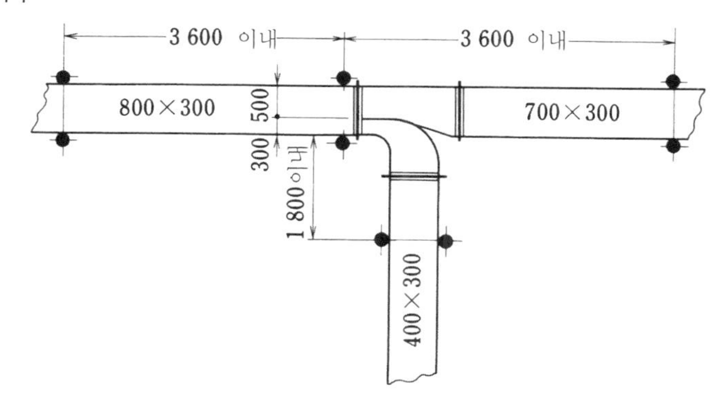

b) 엘보부(덕트 폭≦1,200 일 때)

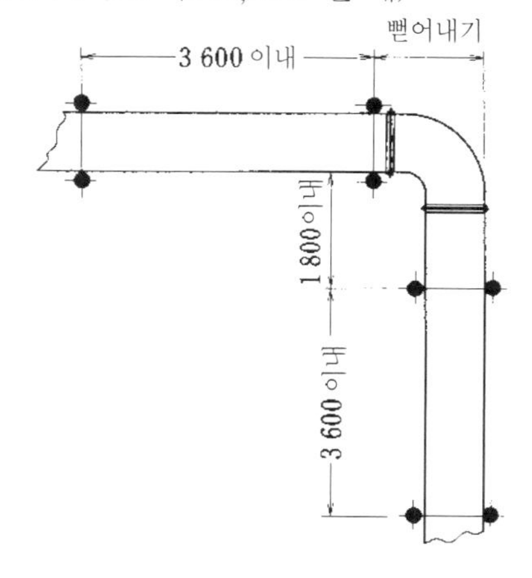

덕트 폭>1,201일 때는
엘보 본체를 매달 것

c) 벽 관통부

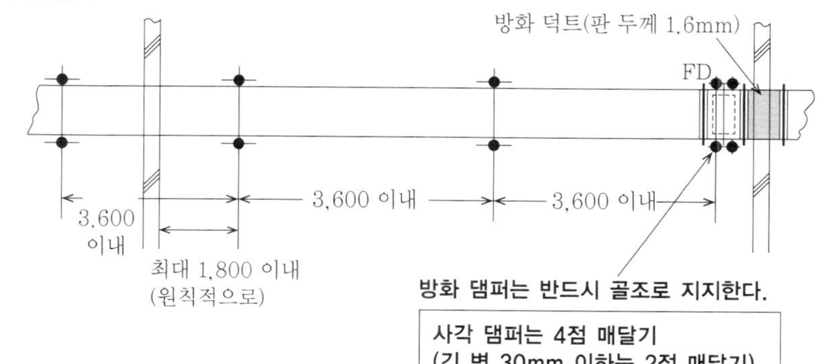

방화 댐퍼는 반드시 골조로 지지한다.

사각 댐퍼는 4점 매달기
(긴 변 30mm 이하는 2점 매달기)
원형 댐퍼는 2점 매달기
(내경 300mm 이상은 4점 매달기)

d) 배출구·흡입구 및 배연구

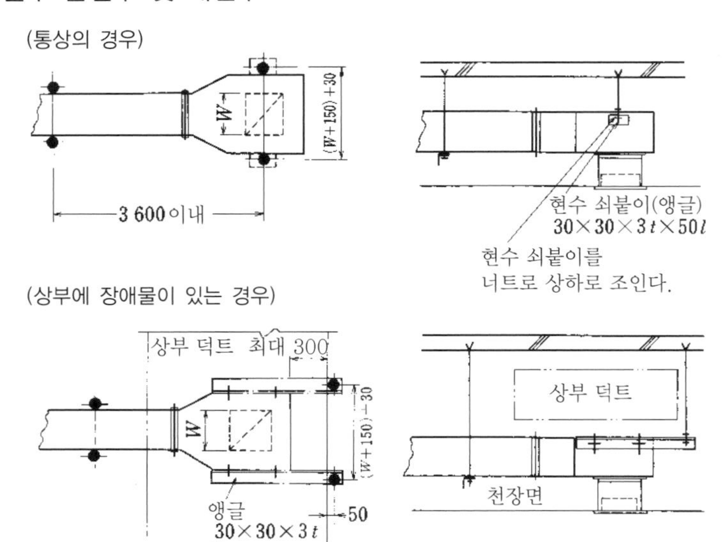

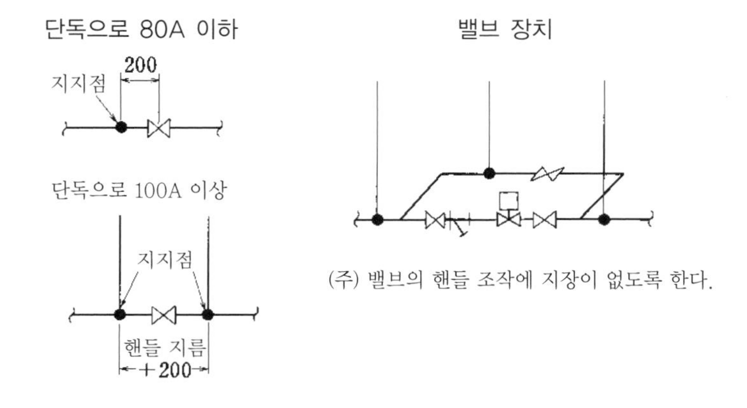

〔7〕배관 인서트 기입 예

a) 배관 도중의 밸브 및 밸브 장치 주위

(주) 밸브의 핸들 조작에 지장이 없도록 한다.

b) 굽힘부

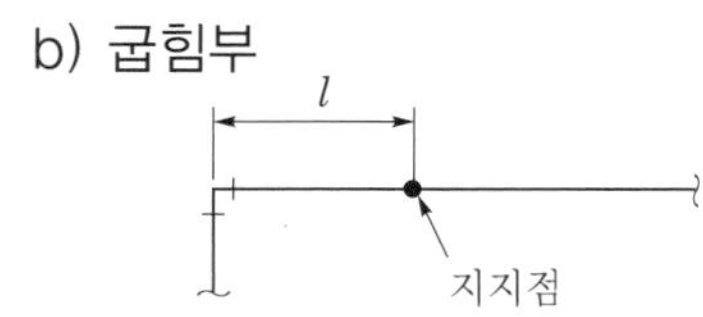

관 지름	최대 길이 l[mm]
25A 이하	500
32A 이상	800

c) 수평 배관 도중에 수직 올림부·내림부

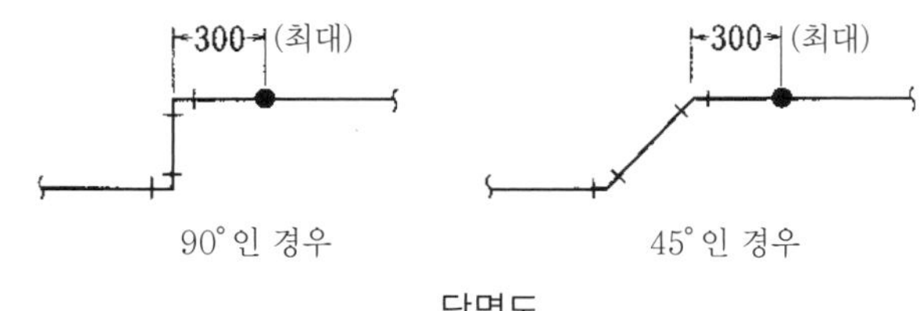

단면도

d) 분기구

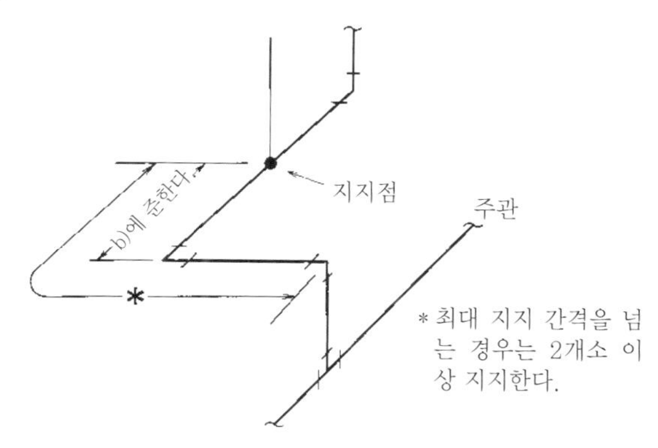

e) 다수의 배관을 사용하여 지지하는 경우의 인서트(비녀형 앵커)

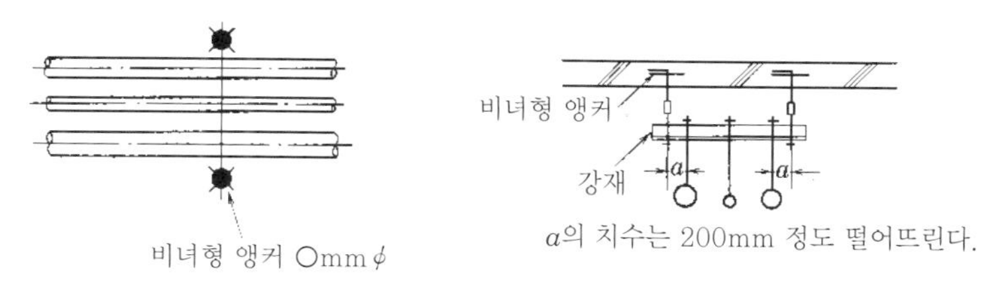

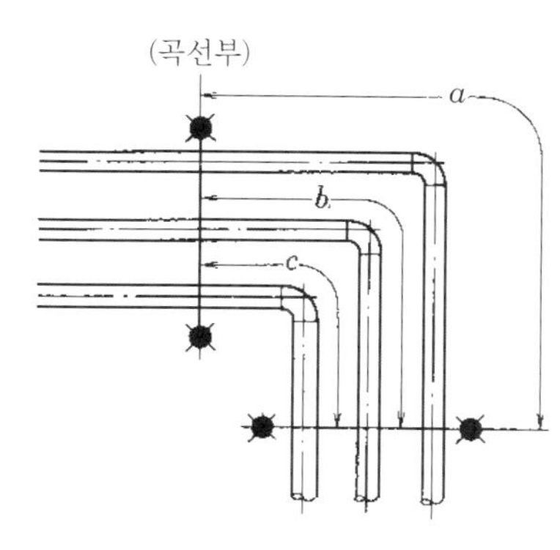

왼쪽 그림과 같은 배관에서 a, b, c의 각 치수가 관 지름별 최대 지지 간격을 넘지 않도록 한다.

11-3 설비 복합도

(1) 설비 복합도의 목적

시스템이 아무리 잘 되어 있어도 실제로 사용하는 각 실에 필요한 기기나 기구가 적절한 위치에 놓여 있지 않으면 좋은 건물이라고 할 수 없다. 그래서 건축주 및 설계자의 요구를 도면으로 구체화한 것이 설비 복합도이다. 설비 복합도는 설계 단계에서 부족한 부분을 구체적으로 보완하고, 또한 현장에서 각 설비의 매설 배관 누락 방지에 도움이 되므로 현장에서 채용하고 있다.

(2) 설비 복합도의 종류

설비 복합도에는 창호를 비롯하여 공기조화, 위생, 전기 기구나 기기를 망라한 다음의 두 종류가 있다.

a) 벽·바닥 복합도

건축 : 벽의 재질, 창호, 소화기 두는 곳 등
공기조화 : 벽 설치 분출구, 서모스탯, 휴미디스탯, 배연구 수동 개방 장치 등
위생 : 급수·급탕 꼭지, 바닥 위 청소구,옥내 소화전 등
전기 : 스위치, 콘센트, 전화, 시계 등

b) 천장 복합도

건축 : 점검구
공기조화 : 분출구, 흡입구, 후드, 배연구 등
위생 : 스프링클러
전기 : 조명기구, 스피커, 연기 감지기 등

(3) 설비 복합도의 표시 기호

건축			구분		
벽	(기호)	콘크리트	분출구·흡입구	(기호)	벽 설치 분출구
	(기호)	콘크리트 블록		(기호)	벽 설치 흡입구
	(기호)	경량 철골		(기호)	후드
	(기호)	ALC 패널, PC 패널	창호	DG	도어 루버
창호	(기호)	도어 체크		UC	언더 컷
	(기호)	연기 감지기 연동	배연	(기호)	배연구
기타	(기호)			(기호)	배연구 수동 개방 장치
	소화기	소화기 두는 곳	자동제어	T	서모스탯
				H	휴미디스탯
분출구 흡입구	(기호)	분출구		TH	온습도 센서
	(기호)	흡입구		CO_2	CO_2 센서

위생 설비		
수전		수(물)
		온수
		혼합
기타		샤워
		가스(2구)
		바닥 위 청소구
		바닥 배수 트랩
유입구		빗물 유입구
		오수 유입구
		잡배수 유입구
		격자 유입구
소화설비		표시등
		사이렌
		스프링클러 헤드
		분사 헤드(벽 설치)
		옥내 소화전
		옥내 소화전(방수구붙이)
		연결 송수구 (방수구 수납 상자붙이)

전기 설비		
조명기구		천장 설치 형광등(매립)
		천장 설치(직접 부착)
		벽 설치 형광등(매립)
		벽 설치 형광등(직접 부착)
		천장 설치 백열등
		벽 설치 백열등
		유도등, 통로 유도등(←→)
		비상조명
기타		스위치 리모컨 스위치(●R)
		콘센트
		시계
		스피커
	T	전화
		전화용 아웃렛 벽 설치 ( )
방재관계	S	연기 감지기, 매립 (S)
		정온식 스폿형 감지기
	ET	비상전화
		방재반
반		자동 제어반
		중앙 감시반
		동력반

(4) 설비 복합도의 기입 예

a) 벽·바닥 복합도(참고 예)

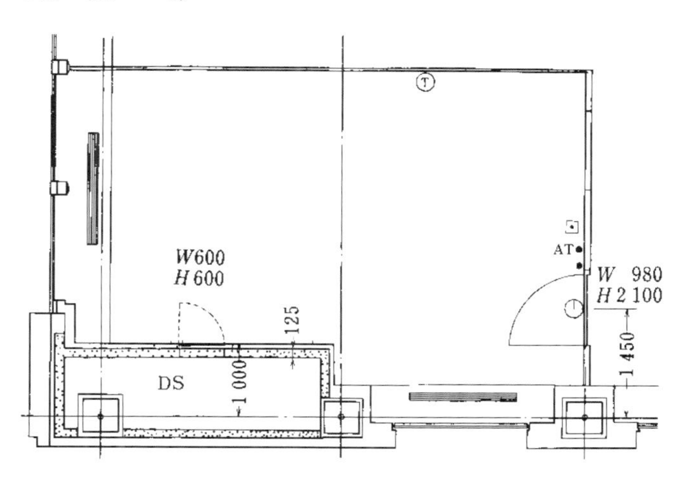

b) 천장 복합도(참고 예)

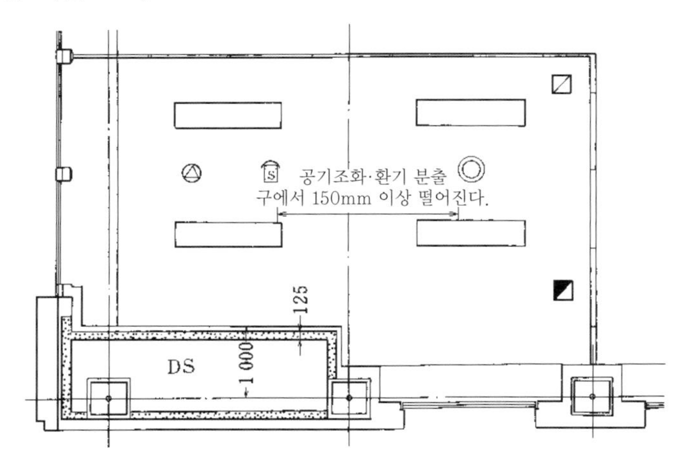

c) 설치 위치 표준(참고 예)

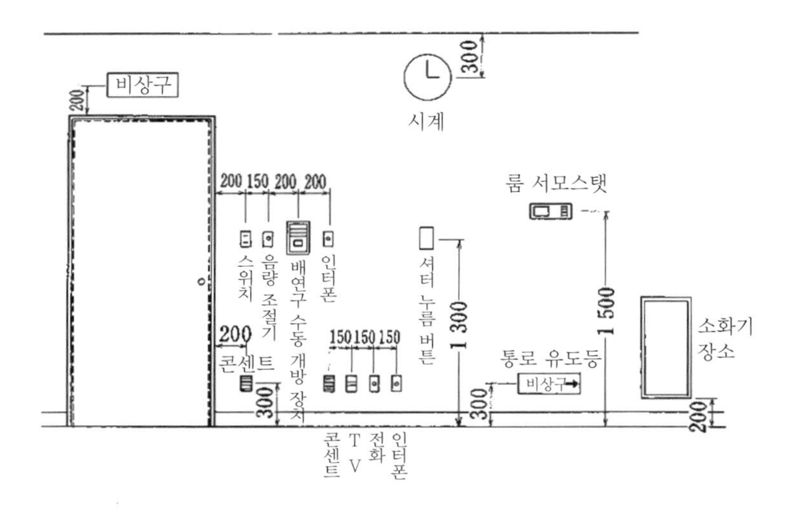

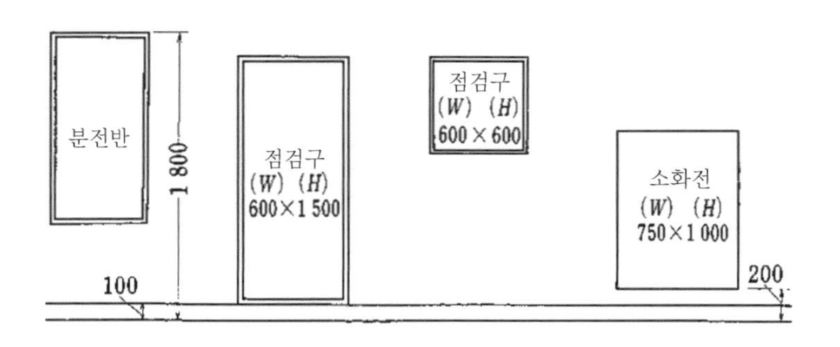

체크 리스트

도면 명칭		도면 번호		
	체크 항목	작도자 서명	체크자 서명	특기
골조도와 대조	1. 보 치수 및 보 레벨의 표시는 바른가? 2. 콘크리트 벽의 두께·위치는 바른가? 3. 블록 벽·보드 벽의 위치는 바른가? 4. 샤프트 점검구의 위치·치수는 바른가? 5. 보 관통 슬리브의 위치·크기·개수를 확인했나? 6. 샤프트의 바닥은 있는가, 또한 천장이 없는 경우는 작업이 가능한가? 7. 루버의 위치·크기·풍량을 확인했나?			
방화·배연구 화면과 대조	1. 방화 구획의 선은 표시되어 있는가? 2. 배연 구역의 바닥 면적(+풍량)은 바른가? 3. 천장에서 드리운 벽의 위치는 표시되어 있나? 4. 기계 배연과 자연 배연의 구획은 확인했나?			
슬리브·인서트도 작성 규정과 대조	1. 슬리브의 종류, 설비별 심벌마크는 표시되어 있나? 2. 슬리브의 치수는 적정한가?(플랜지 폭, 보온 두께) 3. 슬리브의 인접 치수, 높이 표시는 좋은가? 4. 슬리브가 상하로 겹쳐 알기 어려운 개소는 단면도를 그렸는가? 5. 박스 슬리브의 개구 폭이 큰 경우(W≧1500mm)는 분할했나? 6. 외벽·방수 관통부의 슬리브에는 고리붙이 등의 지수(물막이) 대책을 세웠나? 7. 예비 슬리브의 필요 여부를 확인했나? 8. 인서트의 종류와 나사 지름을 명확히 표시했나? 9. 최대 지지 간격 및 허용 하중을 넘지 않았나? 10. 방화 댐퍼용 인서트를 기입했나? 11. 인서트 인접 치수의 기입은 보기 쉬운가?			
덕트도 작성 규정과 대조	1. 풍량에 대하여 덕트·기구류의 치수는 적절한가? 2. 방화 구획에 FD는 붙어 있는가?(관통 덕트는 1.6mm) 3. 세로 홀 구획 관통부에 SFD는 붙어 있는가? 4. 인접하는 도면끼리 연결은 바른가? 5. 수직 올림, 수직 내림 덕트의 풍량·화살표는 바른가? 6. 수직 올림, 수직 내림 덕트의 상하층과의 연결은 바른가? 7. 덕트가 쓸데없이 낭비되는 경로를 통과하고 있지 않은가?(다리·벽의 관통이 적은 경로는 달리 없는가?) 8. 덕트 인접 치수의 기입은 보기 쉬운가? 9. 기구 중심 인접 주위의 치수는 전부 기입했나?			

도면 명칭		도면 번호		
	체크 항목	작도자 서명	체크자 서명	특기
덕트도 작성 규정과 대조	10. 덕트의 높이는 전부 기입되어 있나?(사각 덕트…하단, 원형 덕트…중심) 11. 덕트의 분기 형상은 좋은가? 12. S형 덕트의 L치수는 기입했나? 13. 보 아래와 천장의 빈 곳 치수를 확인했나? 14. 보 아래의 어려운 부분에 덕트의 플랜지는 없는가? 15. 천장 기구(조명 등)와 덕트 하단의 치수는 기입했나?(특히, 다운라이트는 깊으므로 주의한다) 16. 댐퍼 조작은 용이한가?(천장 점검부 상부에 타 설비가 지나고 있지 않은가?) 17. 배연구의 회전 축 방향은 적절한가? 18. 배연구 수동 개방 장치의 위치를 표시했나? 19. 소음 엘보는 필요없나? 설치 위치는 적절한가? 20. 회의실, 응접실 등에 크로스 토크 대책은 취했나? 21. 덕트의 내진 대책은 취했나?			
배관도 작성 규정과 조합	1. 유체별 표시는 좋은가?(냉수 이송 : C, 냉온수 이송: CHR) 2. 계통 오류, 이송, 반환의 오류는 없는가? 3. 유량에 대하여 관경은 적정한가? 4. 인접하는 도면끼리 연결은 정확한가? 5. 수직 올림·수직 내림 배관의 유량·화살표는 정확한가? 6. 수직 올림·수직 내림 배관의 상하층 연결은 정확한가? 7. 배관이 쓸데없이 낭비되는 경로를 통과하지 않는가? 8. 배관이 전기실·EV기계실 내를 통과하지 않는가? 9. 누수한 경우, 중대한 재해를 초래하는 방의 천장 내에 배관이 통과하고 있지 않은가?(있으면 대책을 생각한다) 10. 용접, 나사 체결 표시는 좋은가? 11. 배관 인접 치수의 기입은 보기 쉬운가? 12. 배관의 높이는 전부 기입했나? 13. 기울기는 유체의 종류에 따라 정확하게 잡았는가? 14. 중복된 밸브는 없는가? 15. 밸브의 위치는 설비 유지 관리가 용이하고 앞으로의 개수 공사에 대응할 수 있는가? 16. 온도계·압력계의 설치 위치, 사양은 적절한가? 17. 2중 슬라브 내의 배관은 점검 가능한가?			

도면 명칭		도면 번호		
체크 항목		작도자 서명	체크자 서명	특기
배관도 작성 규정과 대조	18. 배관의 신축 대상은 취했는가? (신축관 커플링, 3엘보) 19. 적절한 개소에 플랜지가 설치되어 있는가? 20. 공기 정체를 유발하는 배관 형상·루트는 없는가? (있으면 대책을 강구한다) 21. 공기빼기, 물빼기는 적절한 개소에 설치되었는가? 22. 보온 두께를 고려했는가?(관끼리, 구체와의 거리) 23. 배관의 지지 간격·지지 방법은 적절한가? 24. 배관의 내진 대책은 취했나?			
기기의 배치와 스페이스	[공통] 1. 기기의 반입·반출 스페이스는 확보했나? 2. 법규상(의장상) 배치에 문제가 없는지 확인했나? 3. 기기의 운전 중량을 확인하고, 바닥 보강 필요성에 대하여 확인했나? 4. 신더 콘크리트의 필요성을 확인했나? 5. 통로, 보수·점검 스페이스는 확보했나? 6. 덕트·배관의 시공 스페이스는 충분한가? 7. 타 설비와의 관계는 확인했나?(문의 개폐 방향, 바닥 맨홀, 측면 홈, 반(盤) 등) 8. 현수용 후크 필요 유무를 확인했나? 9. 기계실의 벽 놓임새, 방음 공사가 기기 설치 이전인지 후인지 확인했나?(이후인 경우는 작업 스페이스를 확보한다) 10. 기기의 내진 대책은 취했나? [열원 기기] 11. 튜브 인출 스페이스는 확보했나? 냉동기·노통 연관 보일러·열교환기 [공기조화실] 12. 공기조화기의 점검문은 개폐할 수 있는가?(바깥쪽으로 열림·안쪽으로 열림은 정확한가?) 13. 에어 필터의 교환은 가능한가?(특히 천장 내의 경우는 점검구의 위치·치수를 확인한다) 14. 공조기 코일의 분해는 가능한가? 15. 송풍기의 벨트 교환, 풀리 빼내기는 가능한가? 16. 현수 기기의 메인터넌스는 용이한가? [냉각탑] 17. 패키지 실외기의 설치 장소를 확인했나?(의장상·복수대 설치 시의 합선 방지 등) 18. 냉각 탑과 연돌의 이격 거리는 충분한가? 19. 냉각탑 간의 거리는 확보되어 있는가? (합선에 의한 능력 저하의 방지) 20. 냉각탑 근처에 급배 기구가 있어 영향이 없는가?			

도면 명칭		도면 번호		
	체크 항목	작도자 서명	체크자 서명	특기
설계도 작성 규정과 대조	1. 종류별 표시는 적절한가?(IV·강관·폴리 튜브 등) 2. 특히 전선의 종류를 명시할 필요는 없는가?(HIV 등) 3. 박아넣기 배관 허용 굵기를 건축업자와 협의했나? 4. 노출, 천장 내, 매립 등의 구별은 표시되어 있나? 5. 박스류의 치수는 적절한가? 6. 박스류의 점검은 용이한가?(특히 천장 내) 7. 실내 온습도 검출기의 설치 위치·높이를 확인했나?(일사, 장애물, 미관 등) 8. 배관(배선)이 낭비되는 경로를 통과하고 있지 않나? 9. 반(盤)의 보수·점검 스페이스는 확보되어 있나? 10. 제어 밸브의 보수·점검 스페이스는 확보되어 있는가? 11. 수직 올림·수직 내림 배관(배선)의 상하층 연결은 제대로 되어 있나? 12. 인접 도면과는 제대로 연결되어 있나?			
설비 복합도와 대조	1. 실(방)명 및 바닥 레벨·천장 높이는 표시되어 있나? 2. 경량 칸막이 벽의 위치는 표시되어 있나? 3. 문의 위치 및 치수는 여닫기에 편리한가? 4. 배연구 수동 개방 장치 ⊡의 위치는 표시했나? 5. 분출구·흡입구·배연구의 배치는 적절한가? 6. 도어 루버(DG)·언더 컷(UD)의 위치·크기를 표시했나? 7. 천장 점검구의 위치·크기를 표시했나?(상부에 다른 설비가 없는지 확인) 8. 샤프트 내 조명의 유무를 확인했나? 9. 실내 노출 배관의 수직 올림·수직 내림 위치는 문제 없나?			

시공도 교육·기술력 확인 시트 : 공조(1)

목적 : 기본적인 배관 규정을 확인하고 **누수 제로**를 목표로 한다.

주의사항 : 시공도와 시공 요령서에 반드시 반영하기 바란다.

실시일　　　년　　월　　일

소속 회사		현재의 담당 현장		
성 명		부서 직책		경력　　년

	설문	해답
(1)	일본공업규격(JIS)에 정해져 있는 관 명칭과 재료 기호가 **잘못 연결되어** 있는 것은?	
	① 배관용 탄소강 강관 → SGP	
	② 압력 배관용 탄소강 강관 → STPG	
	③ 배관용 아크 용접 탄소강 강관 → STPY	
	④ 고온 배관용 탄소강 강관 → STS	
(2)	관의 종류와 접합 방법을 설명한 것 중 바른 것은?	
	[관의 종류]　[접합 방법]	
	① 강관·····················테이퍼 슬리브의 접합	
	② 염화비닐관················나사 접합	
	③ 강관 ·····················납땜 접합	
	④ 주철관····················용접 접합	
(3)	설비 배관에서 경질 염화비닐 라이닝관을 사용할 수 없는 것은?	
	① 증기 배관　② 냉각수 배관　③ 배수관　④ 급수관	
(4)	용접 접합을 할 수 없는 배관 재료는 어느 것인가?	
	① 배관용 탄소강 강관	
	② 배관용 스테인리스 강관	
	③ 수도용 경질 염화비닐 강관	
	④ 압력 배관용 탄소강 강관	
(5)	공기조화·위생공학회(SHASE)의 배관 기호 중 체크 밸브는 어느 것인가?	
	①　②　③　④	
(6)	배관용 플렉시블 커플링의 설치 방법을 설명한 것 중 **틀린 것**은?	
	① 배관 축 방향의 변위 흡수를 위해 설치한다.	
	② 기기에 근접하여 설치한다.	
	③ 비틀림이 생기지 않도록 설치한다.	
	④ 무리하게 늘이거나 줄여서 설치해서는 안 된다.	

이 시트의 감상(　　　　　　　　　　　　　　　　　　　　　　　　　　　　　)

시공도 교육·기술력 확인 시트 : 공조(2)

목적 : 기본적인 배관 규정을 확인하고 **누수 제로**를 목표로 한다.
주의사항 : 시공도와 시공 요령서에 반드시 반영하기 바란다.

실시일 년 월 일

소속 회사		현재의 담당 현장		
성 명		부서 직책		경력 년

	설문	해답
(7)	배관의 시공 방법을 설명한 것 중 **틀린 것**은?	
	① 음료용 수조의 오버플로 관에는 적절한 배수구 공간을 설치한다.	
	② 강관의 나사부에 누수가 발생한 경우에는 코킹에 의한 보수를 한다.	
	③ 강관과 스테인리스 강관을 접속할 경우에는 절연 플랜지를 사용한다.	
	④ 염화비닐관의 누수사고 원인 중 하나는 삽입 길이의 부족이다.	
(8)	나중 분해할 경우가 있는 관의 접합 방법으로 맞는 것은?	
	① 용접 접합 ② 접착 접합 ③ 플랜지 접합 ④ 나사 접합	
(9)	강관의 곡선에 사용하는 공구는 어느 것인가?	
	① 그라인더 ② 파이프 커터 ③ 파이프 벤더 ④ 파이프 렌치	
(10)	강관 시공을 설명한 것 중 맞는 것은?	
	① 강관을 플랜지 접합하는 경우는 개스킷의 양면에 퍼티를 칠하면 좋다.	
	② 강관의 관단(管端)에는 관용 테이퍼 나사의 수나사를 자른다.	
	③ 플랜지의 볼트는 시계방향 순으로 죄는 것이 좋다.	
	④ 관의 체결에 체인 집게를 사용하면 파이프 렌치보다 관 표면에 상처를 내기 쉽다.	
(11)	정수압 0.15MPa(1.5kg/cm^2)의 직결 급수가 상승하는 높이로 적절한 것은?	
	① 1.5m ② 15m ③ 150m ④ 1500m	
(12)	25A의 배관용 탄소강 강관의 횡주관 지지 간격으로 적절한 것은?	
	① 2m 이내 ② 2.5m 이내 ③ 3m 이내 ④ 3.5m 이내(SHASE 규격)	
(13)	80A의 배관용 탄소강 강관의 매달기 봉강의 지름으로 적절한 것은?	
	① 6mm ② 9mm ③ 12mm ④ 16mm	
	(SHASE 규격)	
(14)	강관 호칭 지름 20mm를 이음에 조립한 경우 남은 나사의 표준 길이로 적절한 것은?	
	① 2mm ② 9mm ③ 16mm ④ 23mm	

이 시트의 감상( )

시공도 교육·기술력 확인 시트 : 공조(3)

목적 : 기본적인 배관 규정을 확인하고 **누수 제로**를 목표로 한다.
주의사항 : 시공도와 시공 요령서에 반드시 반영하기 바란다.

실시일 　　년 　월 　일

소속 회사		현재의 담당 현장		
성 명		부서 직책		경력 　년

	설문	해답
15	산소아세틸렌가스 용접에 사용하는 산소용 호스의 색으로 적절한 것은?	
	① 갈색 　② 녹색 　③ 파란색 　④ 검은색	
16	배관의 열팽창 또는 수축을 흡수하기 위해 설치하는 관 이음은 무엇인가?	
	① 유니온 이름 　② 플랜지 이음	
	③ 벨로즈 이음 　④ 나사 이음	
17	교류 아크 용접기에 감전 재해를 방지하기 위해 설치하는 것은 무엇인가?	
	① 자동 전격 방지 장치	
	② 차단기	
	③ 변압기	
	④ 누전 차단기	
18	관의 표면에 재질의 식별 색선을 도포하는 데 가장 좋은 방법은 무엇인가?	
	① 관단의 일부분에 도포한다.	
	② 관 중심의 일부분에 도포한다.	
	③ 링상으로 도포한다.	
	④ 관 전장에 도포한다.	
19	건축기준법 관계 법령에서 배관 설비의 설치 및 구조에 관해 바른 것은?	
	① 방화 구획을 관통하는 배관은 해서는 안 된다.	
	② 내력벽을 관통하는 배관을 해서는 안 된다.	
	③ 엘리베이터의 승강에 지장이 없으면 엘리베이터 샤프트에 배관을 통과 해도 된다.	
	④ 배수관의 말단은 공공하수도 기타 배수설비에 연결해야 한다.	
20	기기·배관과 그 시험 방법이 바르게 연결된 것은?	
	① 유배관 … 공기압 시험	
	② 냉매 배관 … 통기 시험	
	③ 패널 조립 수수조 … 기밀 시험	
	④ 공기 조화기의 배수 배관 … 수압 시험	

이 시트의 감상(　　　　　　　　　　　　　　　　　　　　　　　　　　)

부록 시공도 교육·기술력 확인 시트 : 위생(1)

목적 : 기본적인 배관 규정을 확인하고 **누수 제로**를 목표로 한다.

주의사항 : 시공도와 시공 요령서에 반드시 반영하기 바란다.

실시일　　년　　월　　일

소속 회사		현재의 담당 현장		
성 명		부서 직책		경력　　년

	설문	해답
(1)	공기조화·위생공학회(SHASE) 규격의 잡배수·오수 횡주관의 관경 순서로 올바른 기울기는 어느 것인가?	
	(65A이하)·(80A·100A)·(125A)·(150A 이상)	
	① 최소 1/10·최소 1/50·최소 1/100·최소 1/150	
	② 최소 1/10·최소 1/150·최소 1/200·최소 1/300	
	③ 최소 1/50·최소 1/100·최소 1/150·최소 1/200	
	④ 최소 1/50·최소 1/100·최소 1/150·최소 1/300	
(2)	배수 통기의 종류로 틀린 것은?	
	① 배기 통기　② 루프 통기　③ 결합 통기　④ 신정(伸頂) 통기	
(3)	기구 배수관과 최소 구경이 잘못 연결된 것은?	
	① 세면기······················32mm	
	② 대변기······················125mm	
	③ 청소용 싱크················65mm	
	④ 소변기······················50mm	
(4)	공기조화·위생공학회(SHASE)의 배관 도시 기호의 명칭 순서가 올바른 것은?	
	(a) ──‖　(b) ─┤├─　(c) ─┤|├─　(d) ──]	
	① (a) 밀폐 정지 플랜지·(b)나사 조립식 캡·(c) 유니온·(d) 플랜지	
	② (a) 나사 조립식 캡·(b) 유니온·(c) 플랜지·(d) 밀폐 정지 플랜지	
	③ (a) 밀폐 정지 플랜지·(b) 유니온·(c) 플랜지·(d) 나사 조립식 캡	
	④ (a) 밀폐 정지 플랜지·(b) 플랜지·(c)유니온·(d) 나사 조립식 캡	
(5)	수수조의 보수 점검 스페이스($A \times B \times C \times D$) 중 올바른 것은?	
	($A \times B \times C \times D$) 이상	
	① 600×600×600×1,000	
	② 600×450×450×600	
	③ 1,000×600×600×450	
	④ 1,000×600×600×600	

A[mm] 이상
수수조실
B[mm] 이상
C[mm] 이상
(수수조)
(D[mm]이상)

이 시트의 감상(　　　　　　　　　　　　　　　)

시공도 교육·기술력 확인 시트 : 위생(2)

목적 : 기본적인 배관 규정을 확인하고 **누수 제로**를 목표로 한다.
주의사항 : 시공도와 시공 요령서에 반드시 반영하기 바란다.

실시일　　년　　월　　일

소속 회사		현재의 담당 현장		
성 명		부서 직책		경력　　년

	설문	해답
(6)	공기조화·위생공학회(SHASE) 규격의 경질 염화비닐 라이닝 강관에 사용되는 도시 기호로 올바른 것은?	
	① DVLP	
	② SGP	
	③ VP	
	④ VLP	
(7)	급탕용 배관으로 부적절한 것은?	
	① 스테인리스 강관	
	② 폴리브덴관	
	③ 경질 염화비닐 라이닝 강관	
	④ 동관	
(8)	일본공업규격(JIS)에 정해져 있는 관내 유체 종류를 식별하는 색으로 틀린 잘못 연결된 것은?	
	① 물 → 청색	
	② 가스 → 황색	
	③ 공기 → 백색	
	④ 기름 → 흑색	
(9)	세면기의 배수 트랩으로 가장 적절한 것은?	
	① U형 트랩	
	② P형 트랩	
	③ 드럼형 트랩	
	④ 완형 트랩	
(10)	버큠 브레이커의 용도로 올바른 것은?	
	① 급수관 내의 유량을 조정한다.	
	② 급수관 내에 오수가 역류하는 것을 방지한다.	
	③ 급수관 내의 공기를 배출한다.	
	④ 급수관 내의 압력을 일정하게 유지한다.	

이 시트의 감상(　　　　　　　　　　　　　　　　　　　　)

시공도 교육·기술력 확인 시트 : 위생(3)

목적 : 기본적인 배관 규정을 확인하고 **누수 제로**를 목표로 한다.
주의사항 : 시공도와 시공 요령서에 반드시 반영하기 바란다.

실시일　　년　월　일

소속 회사		현재의 담당 현장		
성 명		부서 직책		경력　년

	설문	해답
(11)	옥내 급수관의 피복 목적은 무엇인가?	
	① 결로 방지	
	② 보온	
	③ 화상 방지	
	④ 보냉	
(12)	볼트의 체결력을 관리하기 위하여 사용하는 공구는 어느 것인가?	
	① 스패너	
	② 복스 렌치	
	③ 몽키 렌치	
	④ 토크 렌치	
(13)	재질이 다른 관을 접속할 때 일반적으로 절연 커플링을 사용하는 것은 어떤 것인가?	
	① 동관과 비닐관의 접속	
	② 강관과 비닐관의 접속	
	③ 납관과 강관의 접속	
	④ 동관과 강관의 접속	
(14)	간단히 분해를 할 수 있으므로 트랩으로 바람직하지 않은 것은?	
	① P형 트랩	
	② S형 트랩	
	③ 완형 트랩	
	④ 드럼형 트랩	
(15)	수·급탕 설비의 어구가 잘못 연결된 것은 무엇인가?	
	① 배출관 … 크로스 커넥션	
	② 토수구 공간 … 역사이펀 작용	
	③ 에어 챔버 … 워터 해머	
	④ 스위블 조인트 … 관의 신축	

이 시트의 감상(　　　　　　　　　　　　　　　　　　　　)

시공도 교육·기술력 확인 시트 : 위생(4)

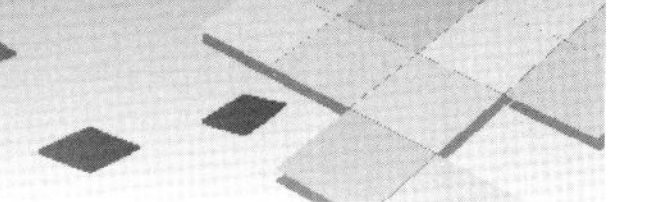

목적 : 기본적인 배관 규정을 확인하고 **누수 제로**를 목표로 한다.
주의사항 : 시공도와 시공 요령서에 반드시 반영하기 바란다.

실시일　　　년　　월　　일

소속 회사		현재의 담당 현장		
성 명		부서 직책		경력　　년

	설문	해답
16	배수관의 청소구를 필요로 하는 개소로 부적절한 것은?	
	① 배수 횡지관 및 배수 횡주관의 기점	
	② 배수 수직관의 최하부 또는 그 부근	
	③ 통기관의 취출 부근	
	④ 배수관이 45° 이상인 큰 각도로 방향이 바뀌는 장소	
17	공기조화·위생공학회(SHASE) 규격에 의하면 고치 탱크 이하의 급수 관 수압 시험의 기준치로 바른 것은?	
	① 정수두×2[최소 0.75MPa]이고 최소 유지 시간은 60분이다.	
	② 정수두×2[최소 0.75MPa]이고 최소 유지 시간은 30분이다.	
	③ 정수두×2[최소 1.72MPa]이고 최소 유지 시간은 60분이다.	
	④ 정수두×3[최소 1.72MPa]이고 최소 유지 시간은 60분이다.	
18	배관 기울기에 관한 설명으로 부적절한 것은?	
	① 나사조임식 배수관 이음은 일반적으로 강관을 나사 조이면 배수 기울기가 생긴다.	
	② 배수관의 기울기는 관경이 작아질수록 커진다.	
	③ 급탕관의 횡주관의 기울기는 수평으로 한다.	
	④ 통기관은 통기 수직관을 향해서 상승 기울기를 둔다.	
19	위생기구의 배수에서 간접 배수로 해야 하는 것은?	
	① 대변기	
	② 세면기	
	③ 워터쿨러	
	④ 수술용 수세기	
20	간접 배수에서 최소 배수구 공간으로 바른 것은?	
	① 관경의 1.5배 이상	
	② 관경의 2.0배 이상	
	③ 관경의 3.0배 이상	
	④ 관경의 4.0배 이상	

이 시트의 감상(　　　　　　　　　　　　　　　　　　　　　　　　　　　)

시공도교육·기술력 확인시트 : 공조·위생

목적 : 기본적인 배관 규정을 확인하고 **누수 제로**를 목표로 한다.
주의사항 : 시공도와 시공 요령서에 반드시 반영하기 바란다.

공조			
번호	해답	해설	출제원
(1)	④	STPT : 고온 배관용 탄소강 강관 (STS : 고압 배관용 탄소강 강관)	2급관공사 시공관리기사 시험
(2)	③		2급관공사 시공관리기사 시험
(3)	①	열로 녹인다	2급관공사 시공관리기사 시험
(4)	③	열로 녹인다	2급관공사 시공관리기사 시험
(5)	④		2급관공사 시공관리기사 시험
(6)	①	배관의 횡방향 변위 흡수	2급관공사 시공관리기사 시험
(7)	②	나사부에 누수가 생기면 재가공 · 재나사조임	2급관공사 시공관리기사 시험
(8)	③		1급관공사 시공관리기사 시험
(9)	③		1급관공사 시공관리기사 시험
(10)	②		1급관공사 시공관리기사 시험
(11)	②		2급관공사 시공관리기사 시험
(12)	①		2급관공사 시공관리기사 시험
(13)	②		1급관공사 시공관리기사 시험
(14)	②		1급관공사 시공관리기사 시험
(15)	④		플랜트 배관 기능사 2급 시험
(16)	③		플랜트 배관 기능사 1급 시험
(17)	①		플랜트 배관 기능사 1급 시험
(18)	④		플랜트 배관 기능사 1급 시험
(19)	④		1급관공사 시공관리기사 시험
(20)	①		1급관공사 시공관리기사 시험
시험을 끝낸 감상 :			

위생			
번호	해답	해설	출제원
(1)	③		2급 관공사시공관리기사 시험
(2)	①	배기 통기라는 용어는 없다	1급 관공사시공관리기사 시험
(3)	②	대변기:80mm	1급 관공사시공관리기사 시험
(4)	④		2급 관공사시공관리기사 시험
(5)	④		저자 작성
(6)	④	DVLP:건축 배수용 경질 염화비닐 라이닝 강관 SGP:배관용 탄소강 강관 VP:경질염화비닐관	2급 관공사시공관리기사 시험
(7)	③	사용온도조건이-5~40℃	1급 관공사시공관리기사 시험
(8)	④	기름:어두운 황적색	1급 관공사시공관리기사 시험
(9)	②		1급 관공사시공관리기사 시험
(10)	②		2급 관공사시공관리기사 시험
(11)	①		플랜트 배관 기능사 2급 시험
(12)	④		2급 관공사시공관리기사 시험
(13)	④		2급 관공사시공관리기사 시험
(14)	③	플랜트 배관 기능사 2급 시험	1급 관공사시공관리기사 시험
(15)	①	상호관계가 없다	1급 관공사시공관리기사 시험
(16)	③	기본적으로는 취출되지 않는다	1급 관공사시공관리기사 시험
(17)	①		1급 관공사시공관리기사 시험
(18)	③	급탕관(상향 공급):이송관은 앞올림, 회수관은 앞내림 급탕관(하향공급):이송관은 앞내림, 회수관은 앞올림	2급 관공사시공관리기사 시험
(19)	③		2급 관공사시공관리기사 시험
(20)	②		2급 관공사시공관리기사 시험
시험을 끝낸 감상 :			

시공도 샘플

다음 페이지 이후의 [1], [2]는 병원, [3]~[5]는 사무실 빌딩 현장에서 실제로 사용한 시공도이다. 이 책을 위해 별도로 작성한 것은 아니므로 기호나 표기 방법 등에 다소 차이가 있음을 알린다.

일반층의 공기조화 시공도(평면도, 단면도)는 초보자라도 일정 시간 훈련을 하면 쉽게 그릴 수 있지만 기계실이나 기기 주변의 작도는 쉽지 않다. 그러다 보니 경험이 있는 사람이 늘 작성하게 되고 시간이 지나도 젊은 사람은 기계실을 그리지 못한다. 특히 덕트보다 배관도에 서툰 사람이 많다. 그러나 포인트만 제대로 잡으면 일반층의 시공도도 기계실, 기계 주변 상세도는 물론 덕트도, 배관도도 본질적으로는 같다. 어렵고 번거롭다는 선입견을 버리고 시공도에 익숙해지기를 바라는 의미에서 기계실, 기기 주변, 그것도 배관에 중점을 두고 그린 시공도 샘플을 첨부했다.

CAD는 수작업을 하는 것보다 빠르고 깨끗하게 작도하는 기능이 있으므로 젊은 사람도 샘플 정도의 시공도를 이 책에서 소개한 작도 기술의 기본을 마스터하고 CAD를 구사하기 바란다.

시공도 샘플

[1] 보일러실 기기 배치도, 단면도

[2] 보일러실 덕트·배관 평면도

[3] 열원 기계실 부분 상세도, 단면도

[4] 팬코일 유닛 배치도, 마감도

[5] 냉각탑 주변 배관 상세도

1 보일러실 기기 배치도, 단면도

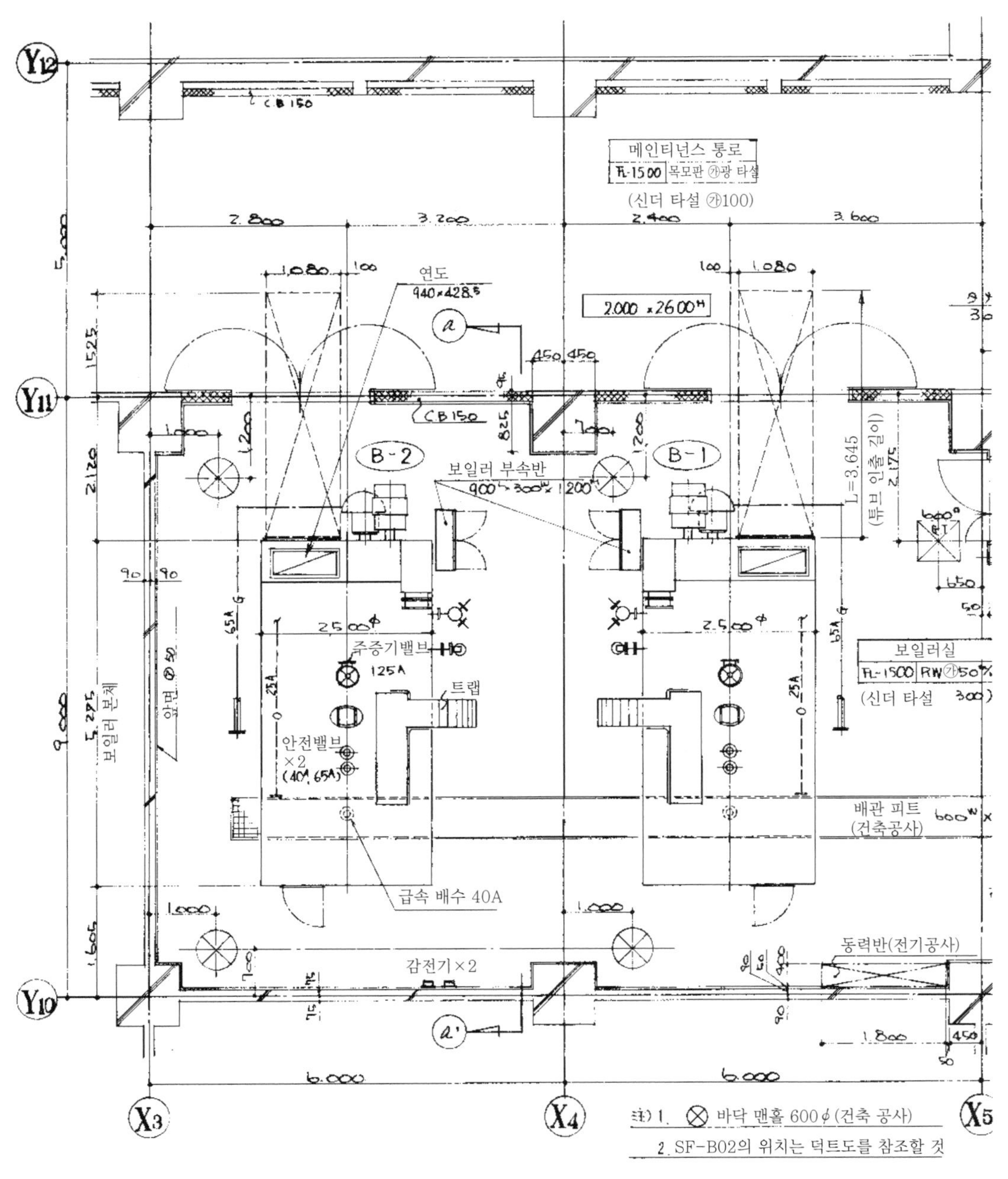

보일러실

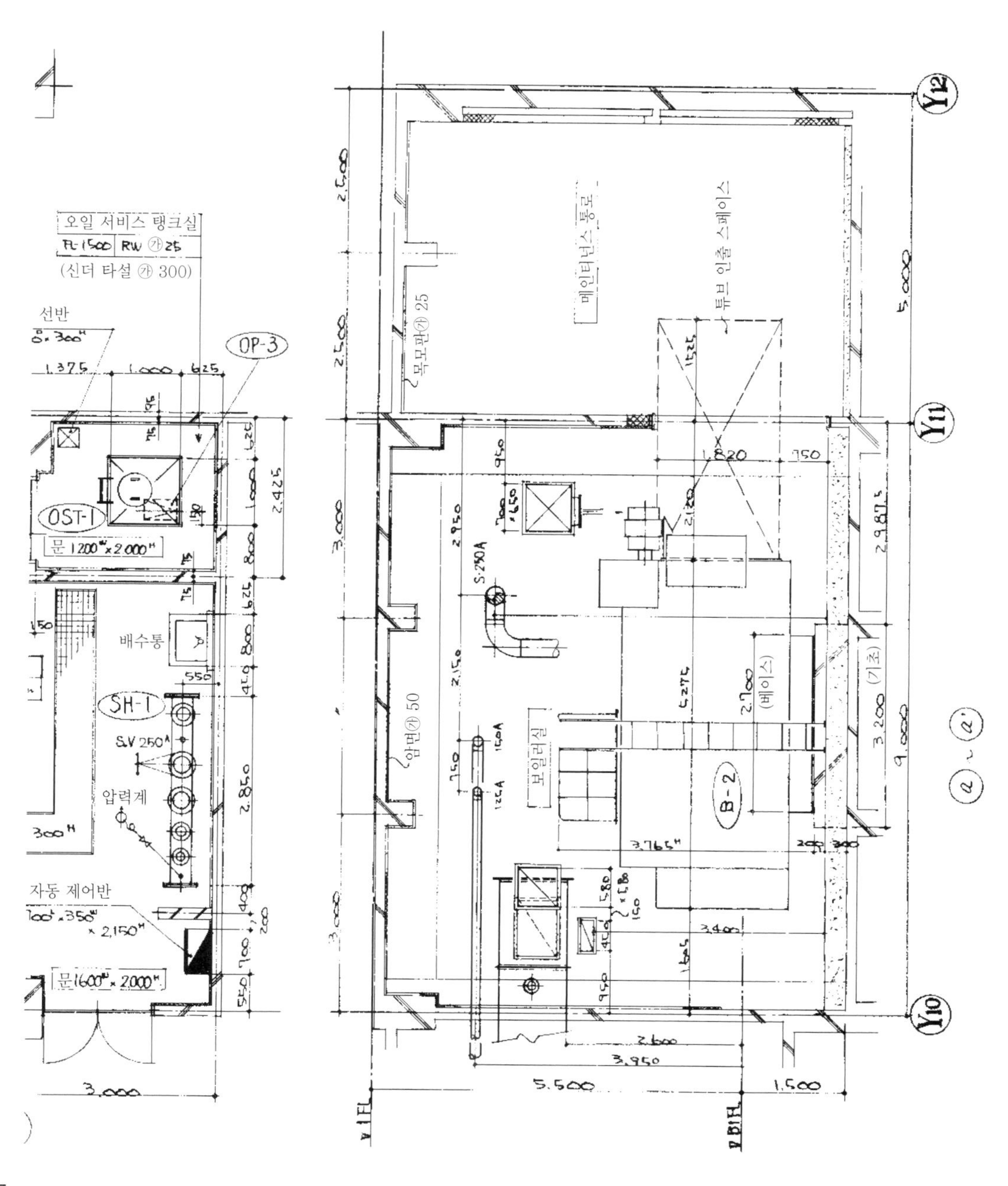
오일 서비스 탱크실
(신더 타설 ㉮ 300)
선반
OP-3
OST-1
배수통
SH-1
압력계
자동 제어반
메인티넌스 통로
튜브 인출 스페이스
목모판㉮ 25
암면㉮ 50
보일러실
B-2
(베이스)
(기초)
Y12
Y11
Y10

기 배치도

2 보일러실 덕트·배관 평면도

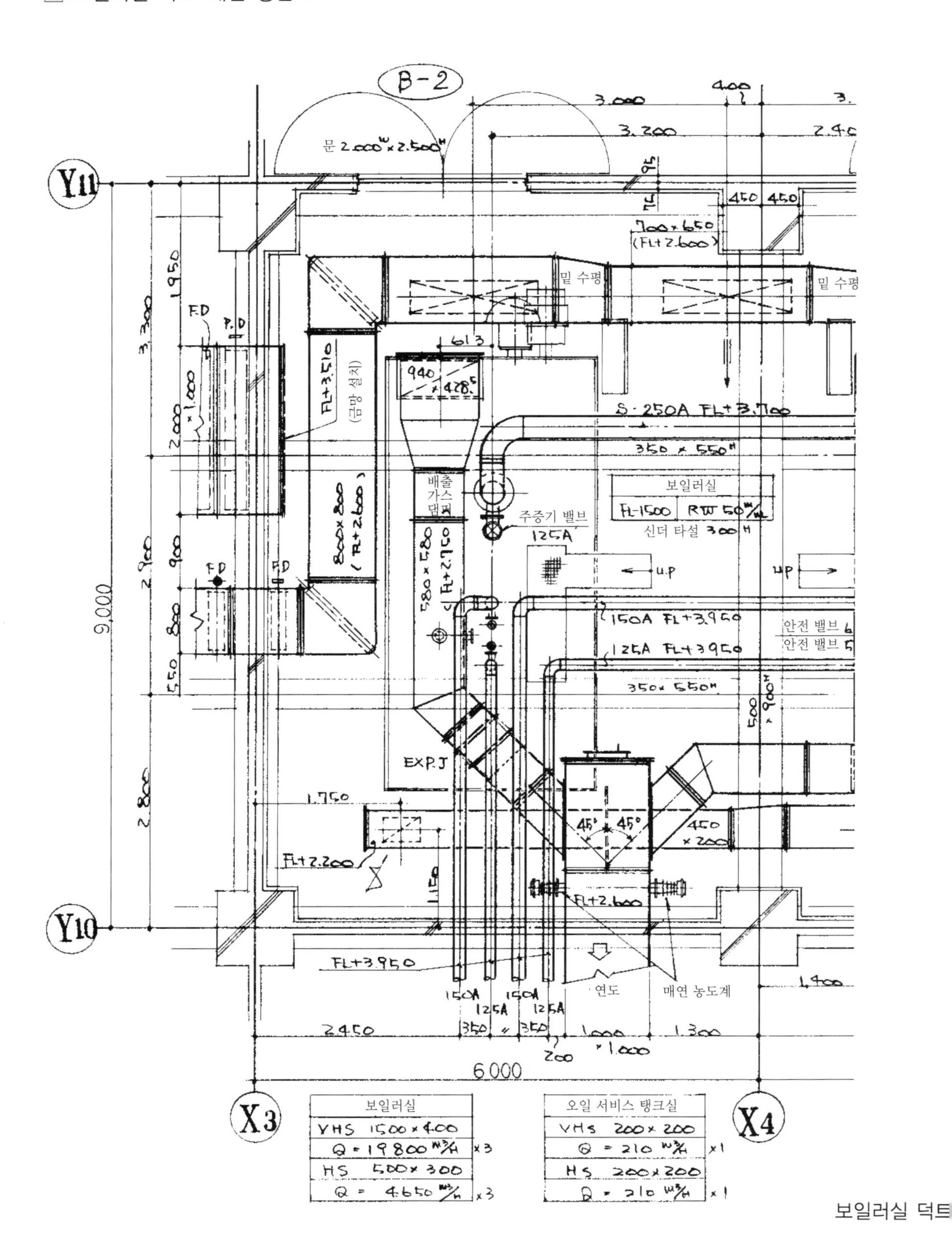

보일러실 덕트

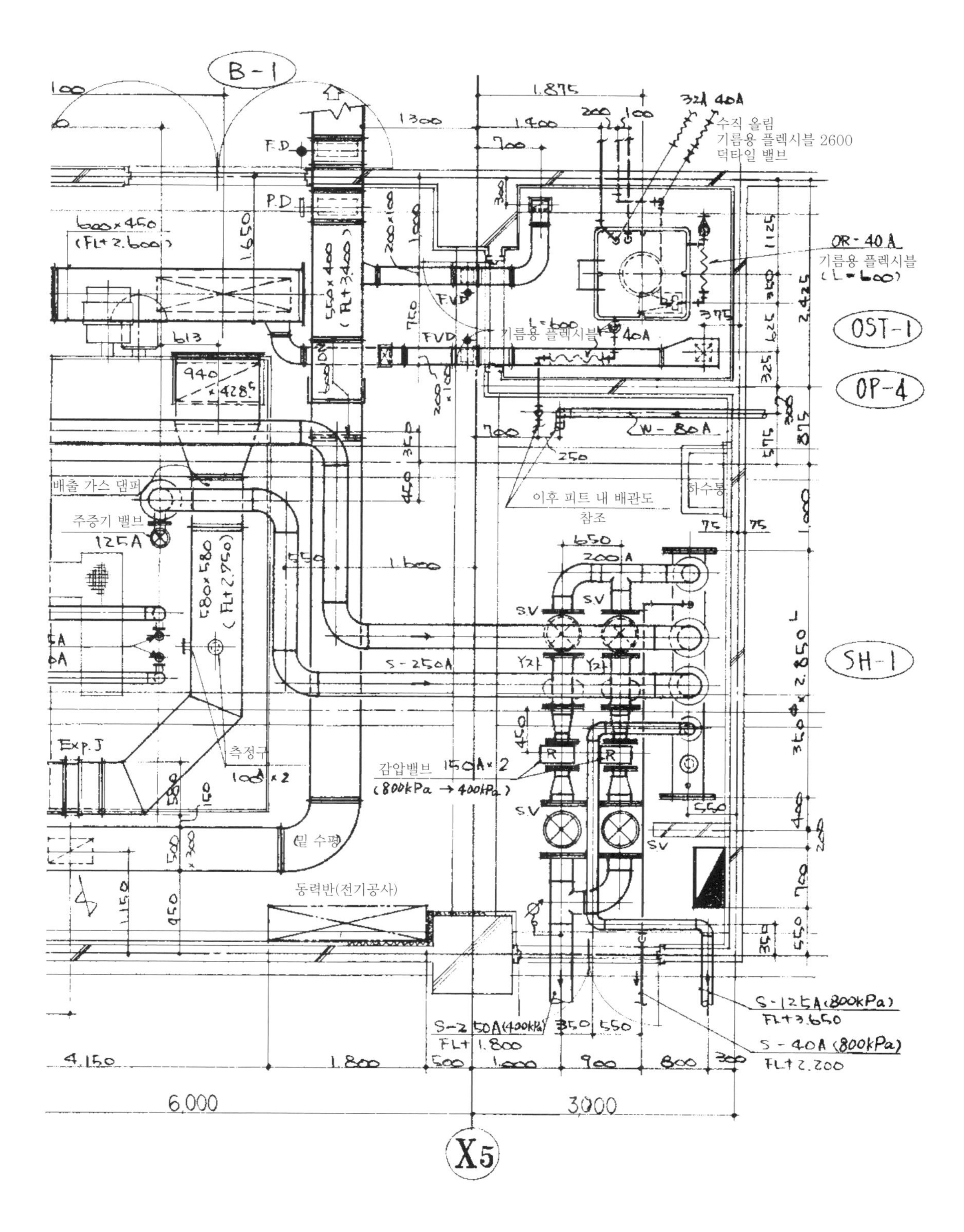

B-1
수직 올림
기름용 플렉시블 2600
덕타일 밸브
OR-40A
기름용 플렉시블
OST-1
OP-4
기름용 플렉시블
이후 피트 내 배관도
참조
하수통
배출 가스 댐퍼
주증기 밸브
SH-1
측정구
감압밸브
밑 수평
동력반(전기공사)
S-125A(800kPa)
S-40A(800kPa)
6,000
3,000
X5

관 평면도

③ 열원 기계실 상세도, 단면도

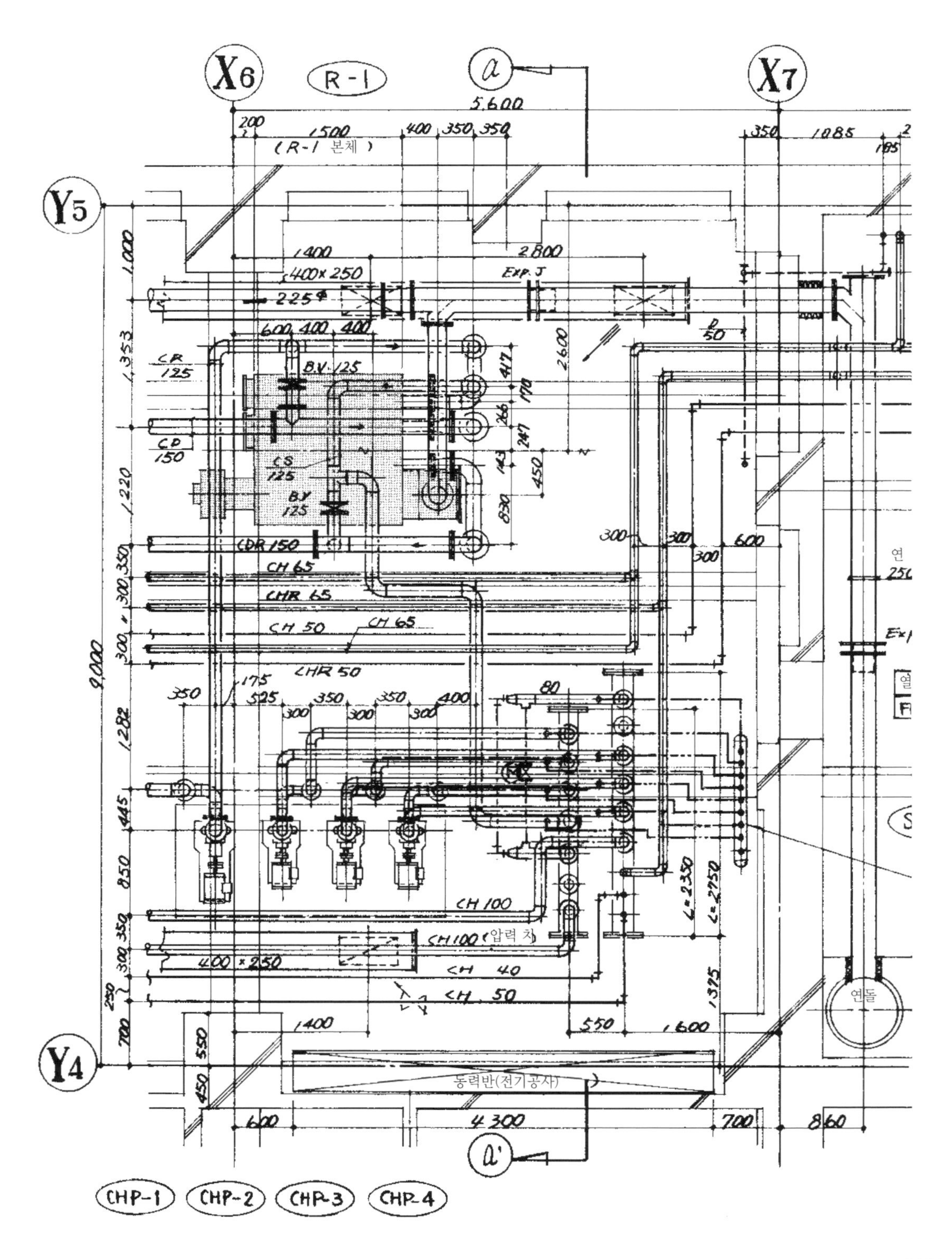

열원 기계실

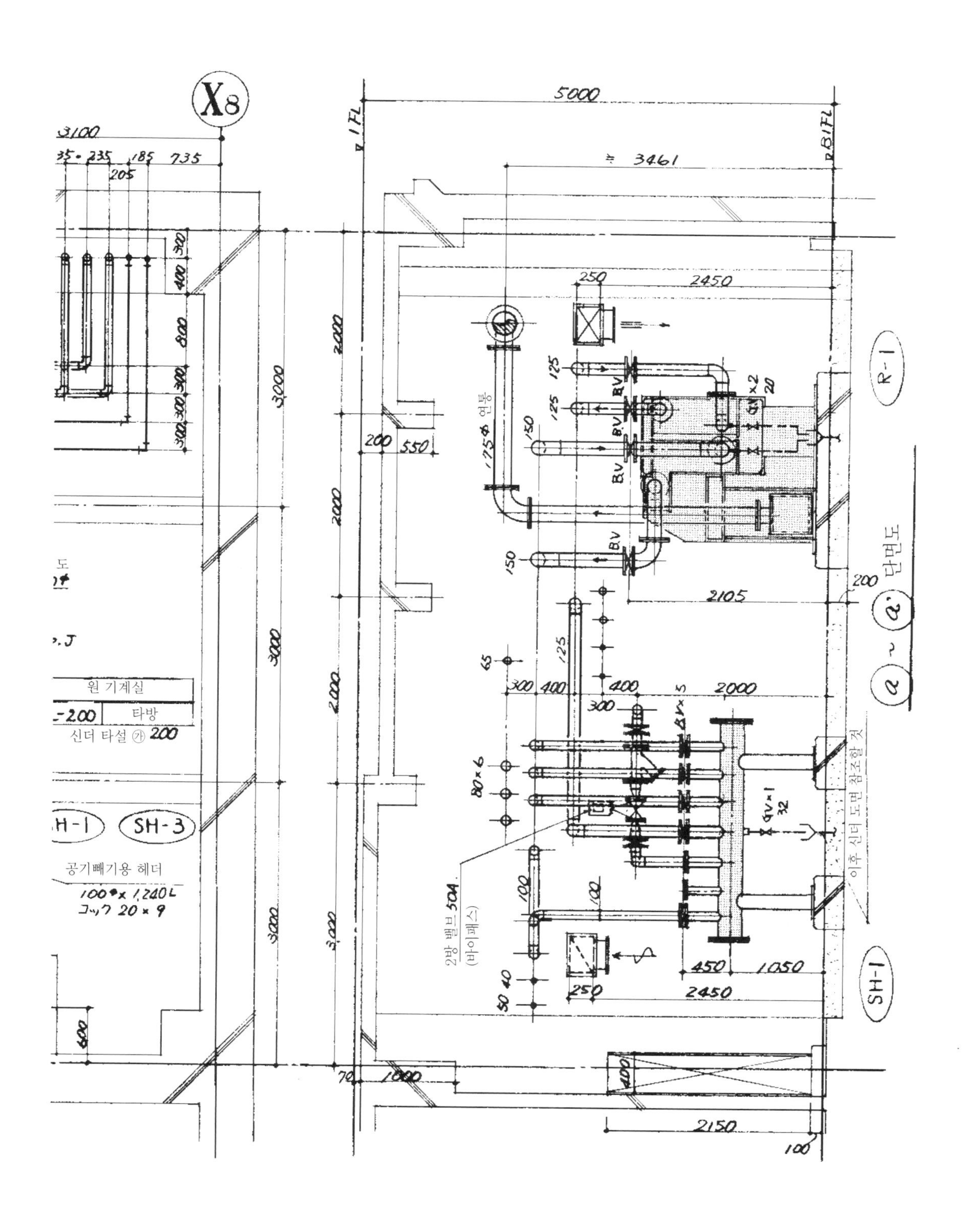
X8
5000
3100
≒ 3461
2450
2105
2000
2150
1FL
B1FL
원 기계실
타방
신더 타설 ㉮ 200
SH-1
SH-3
공기빼기용 헤더
100Φ× 1,240L
コック 20 × 9
R-1
a ~ a' 단면도
175Φ 연통
B.V
2방 밸브 50A
(바이패스)
이후 신더 도면 참조할 것

부분 상세도

4 팬 코일 유닛 배치도, 마감도

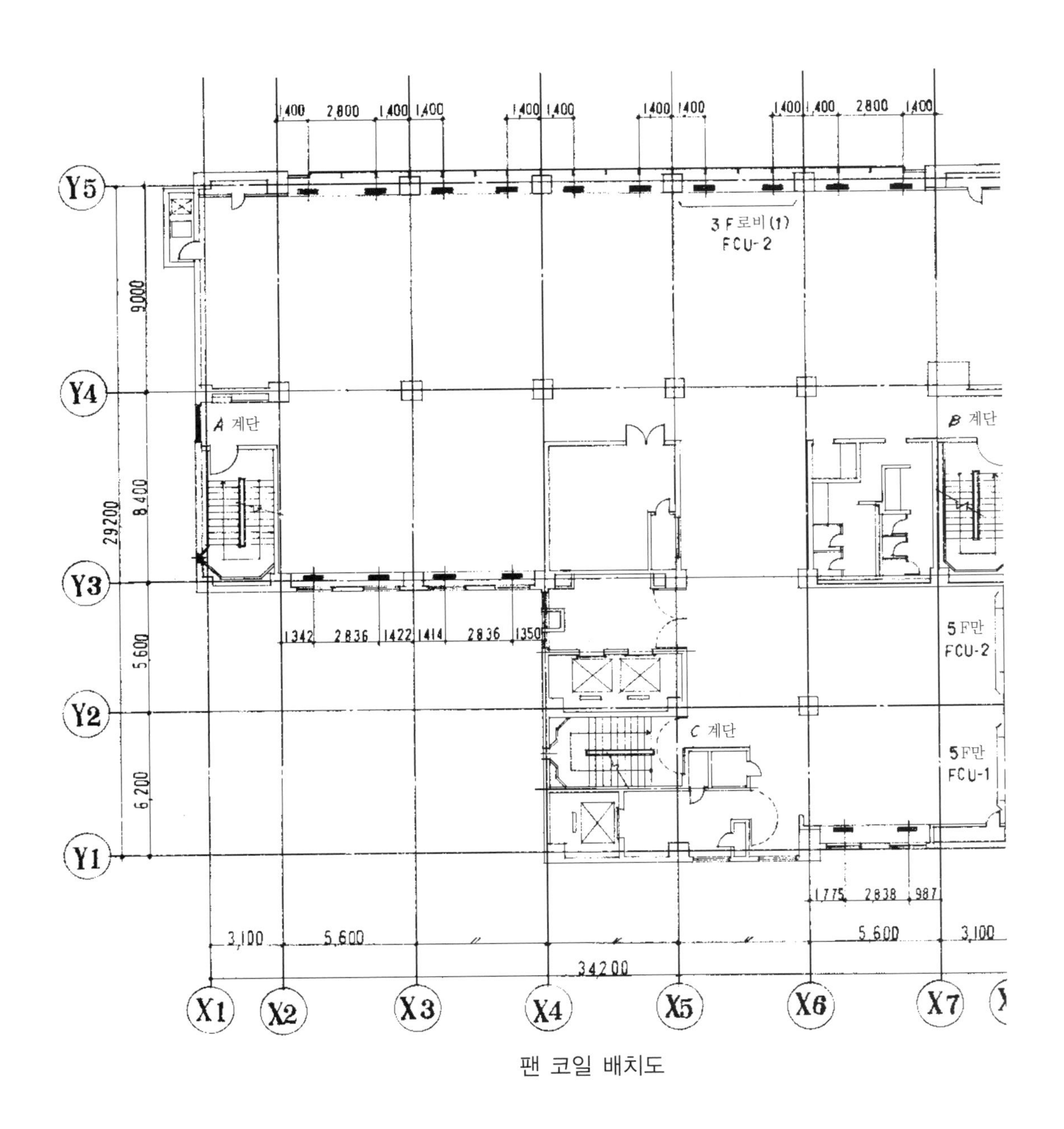

팬 코일 배치도

	2 F		3 F		4 F		5 F		6 F		7 F		8 F	
Y5 통면			FCU-2 FCU-3	2 8	FCU-2	10	FCU-2	10	FCU-3	10	FCU-3	10	FCU-2	10
Y3 〃			〃 -2	4	〃 -1	4	〃	4	〃 -1	4	〃 -1	4	〃	4
Y1 〃			〃	2	〃	2	〃	2	〃 -2	2	〃 -2	2	〃	2
X8 〃	(해어) FCU-4	4	〃	4	〃	4	FCU-2 FCU-1	2 2	〃	4	〃	4	〃	4

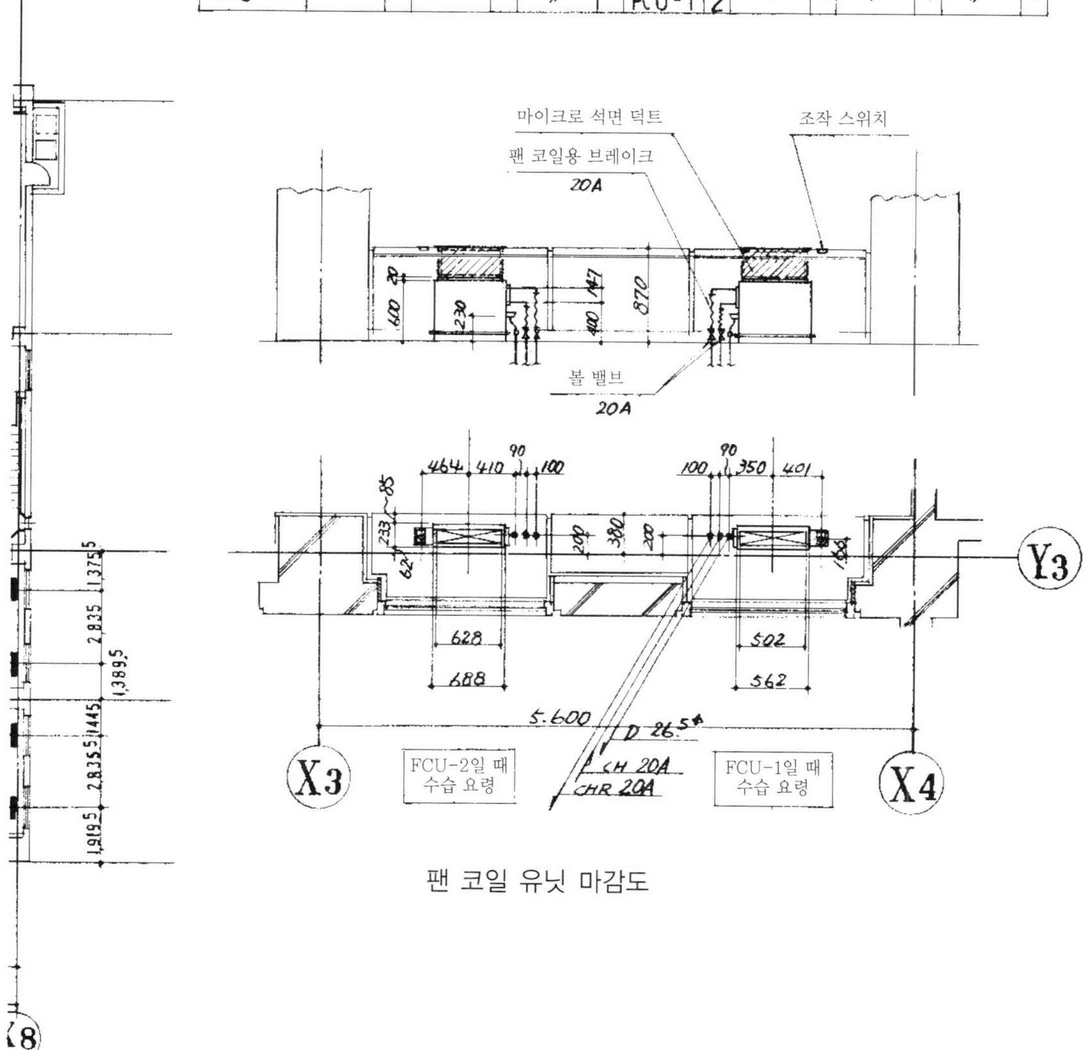

팬 코일 유닛 마감도

5 냉각탑 주변 배관 상세도

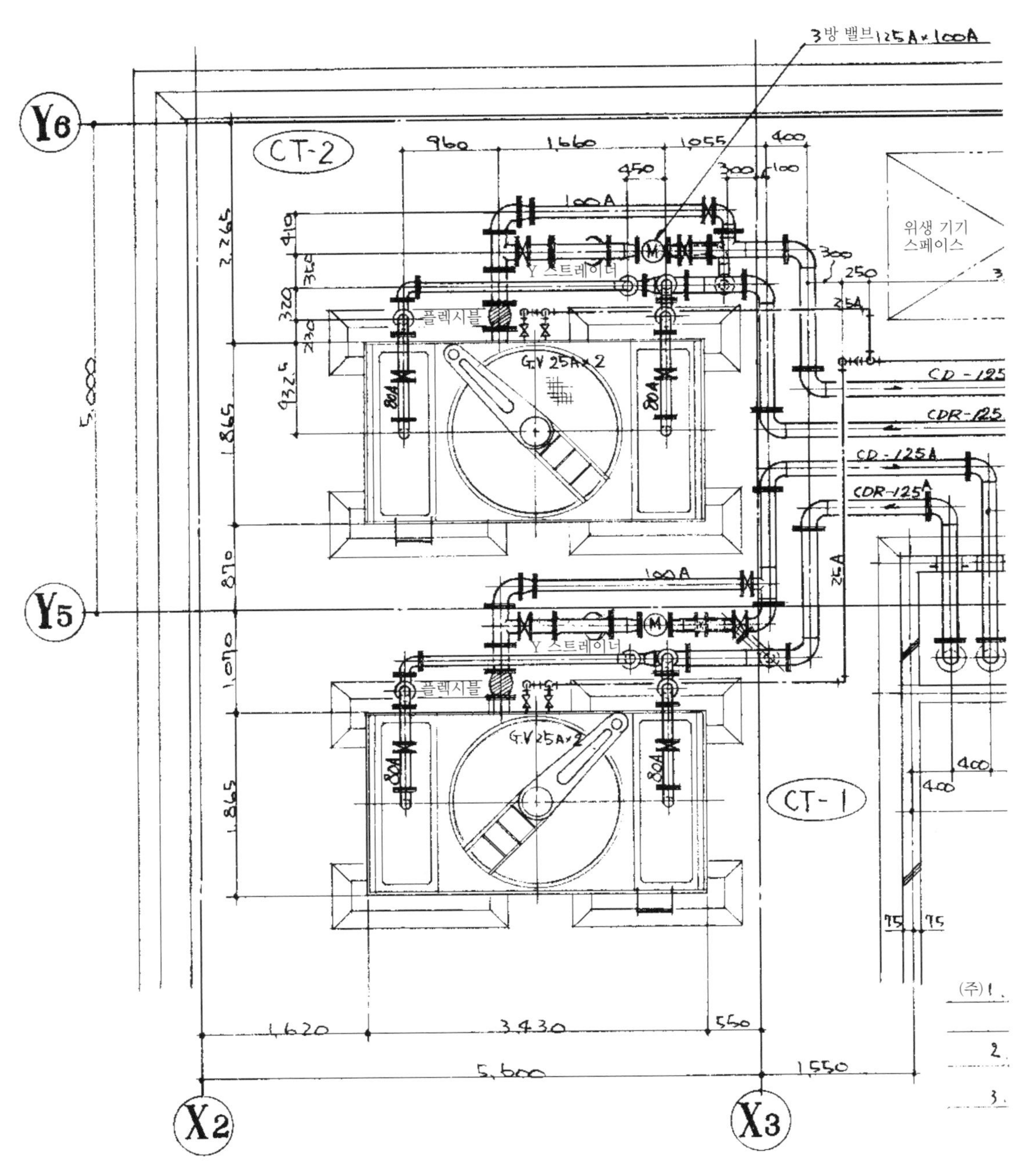

냉각탑 주변

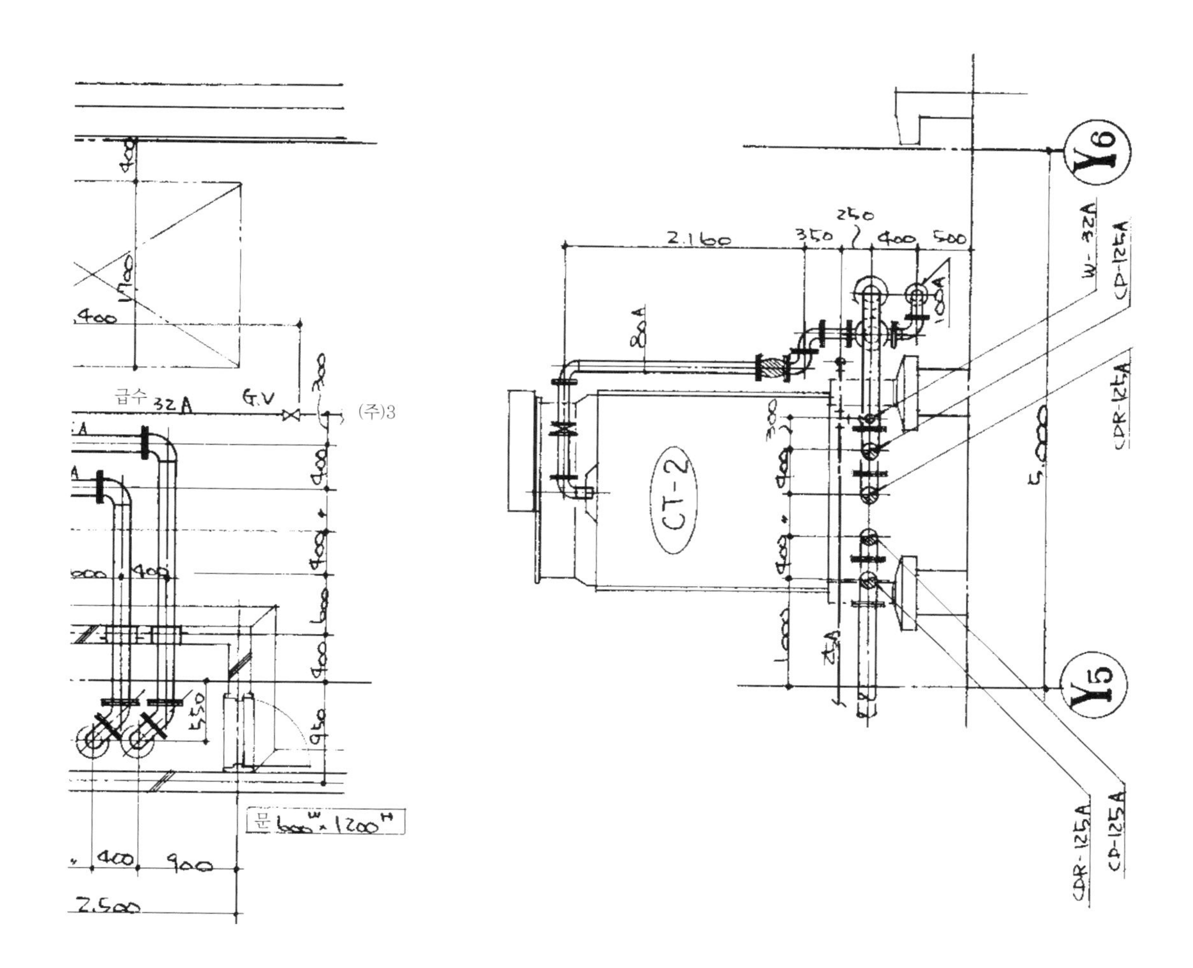

밸브는 특기가 없는 한 모두 버터플라이 밸브로 한다.

배수관은 옥상 배수관도를 참조할 것.

급수는 밸브까지 본 공사 이후는 위생공사.

배관 상세도

그림으로 풀이한

공기조화 시공도 보는 법·그리는 법

2020. 6. 24. 개정증보 1판 1쇄 인쇄

2020. 6. 30. 개정증보 1판 1쇄 발행

지은이 | 시오자와 요시타카

옮긴이 | 진수득

펴낸이 | 이종춘

펴낸곳 | BM (주)도서출판 **성안당**

주소 | 04032 서울시 마포구 양화로 127 첨단빌딩 3층(출판기획 R&D 센터)
10881 경기도 파주시 문발로 112 출판문화정보산업단지(제작 및 물류)

전화 | 02) 3142-0036
031) 950-6300

팩스 | 031) 955-0510

등록 | 1973. 2. 1. 제406-2005-000046호

출판사 홈페이지 | **www.cyber.co.kr**

ISBN | 978-89-315-8940-5 (13540)

정가 | 23,000원

이 책을 만든 사람들

책임 | 최옥현

진행 | 김혜숙

본문 디자인 | 김인환

표지 디자인 | 박원석

홍보 | 김계향, 유미나

국제부 | 이선민, 조혜란, 김혜숙

마케팅 | 구본철, 차정욱, 나진호, 이동후, 강호묵

제작 | 김유석

■ 도서 A/S 안내

성안당에서 발행하는 모든 도서는 저자와 출판사, 그리고 독자가 함께 만들어 나갑니다.
좋은 책을 펴내기 위해 많은 노력을 기울이고 있습니다. 혹시라도 내용상의 오류나 오탈자 등이 발견되면 **"좋은 책은 나라의 보배"**로서 우리 모두가 함께 만들어 간다는 마음으로 연락주시기 바랍니다. 수정 보완하여 더 나은 책이 되도록 최선을 다하겠습니다.
성안당은 늘 독자 여러분들의 소중한 의견을 기다리고 있습니다. 좋은 의견을 보내주시는 분께는 성안당 쇼핑몰의 포인트(3,000포인트)를 적립해 드립니다.

잘못 만들어진 책이나 부록 등이 파손된 경우에는 교환해 드립니다.